ructions to Authors

Only papers not published and not submitted for publication elsewhere will be accepted.

Manuscripts should be submitted in English, with an abstract in English. Two copies are desired.

Manuscripts should be no less than 30 and preferably no more than about 100 paged in length.

All manuscripts should be typewritten on one side only, double-spaced and with a margin 4 cm wide. Manuscript sheets should be numerated consecutively from "1" onwards. Footnotes should be avoided.

The titel of the paper should be followed by the authors name (with first name abbreviated), by the institution and its address from which the manuscript originates.

Figures and tables should be restricted to the minimum needed to clarify the text. They should be numbered consecutively and must be referred to in the text and on the margin. Figures and tables should be added to the manuscript on separate, consecutively numerated sheets. The tables should have a headline. Legends of figures should be submitted on a separate sheet. All figures should bear the author's name and number of figure overleaf. Photographs for half-tone reproduction should be in the form of highly glazed prints. Line drawings should be in a form suitable for reproduction. The lettering should be sufficiently large and bold to permit reduction. If requested, original drawings and photographs will be returned to the author upon publication of the paper.

7. Formulae should not be written to small and not with pencil. Separate lines for formulae are desirable. SI-units should be used.
   Letters in formulae are normally printed in italics, numbers in ordinary upright typeface. Underlining to denote special typefaces should be done in accordance with the following code:
   - Italics: wavy underlined with pencil (only necessary for type written symbols in the text)
   - Boldface italics (vectors): wavy underlined twice
   - Upright letters (all abbreviations like all units (cm, g, ...), all elements and particles (H, He, ..., n, p, ...), elementary mathematical functions like Re, Im, sin, cos, exp, ...): green underlined
   - Greek letters: red underlined
   - Boldface Greek letters: red underlined twice
   - Upright Greek letters (symbols of elementary particles): red and green underlined
   - Large letters: underlined with pencil twice
   - Small letters: overlined with pencil twice
     (This will be necessary for handwritten letters that do not differ in shape, as *c C, k K, o O, p P, s S, u U, v V, w W, x X, y Y, z Z*).

   It will help the printer if the position of subscripts and superscripts is marked with pencil in the following way: $a_{\hat{i}}$, $b^{\hat{i}}$, $M_{\hat{i}}^{\hat{i}}$, $M_{\hat{i}j}$, $W_{\widehat{n_{\hat{1}}}}$

   Please differentiate between following symbols a, α; α, $\propto$, ∞; α, d; c, C, $\subset$; e, l; $\mathscr{E}$, ε, $\in$; k, K, $\varkappa$; $\varkappa$, x, X, χ, $\times$; l, 1; o, O, σ, 0; p, ϱ; u, U, $\cup$; v, ν, $\vee$; φ, ϕ, Φ, $\emptyset$; ϑ, θ, Θ.

8. Each paper should be followed by a list of references with consecutive numeration. The numbers should be placed on the line between squared brackets or typewritten inclined lines. Articles in journals should be cited with author's name and abbreviated first name, title of journal, volume number (underlined), year of publication (in brackets) and page number. In case of books authors' name and abbreviated first name, title, place, and year of publication should be given.
9. Manuscripts should be submitted fit for printing; badly arranged manuscripts are returned.
10. Proof reading should be limited to the correction of typographical errors. Deletions and insertions are not permitted in proof reading.
11. Of every paper published the author(s) will receive 30 reprints free of charge.
12. Within the framework of legal protection the publishers have the right of publication, distribution and translation reserved. Without express permission it is not allowed to produce photocopies, microfilms etc. of this journal or parts of it.

Ins

1.
2.
3.
4.
5
6

FORTSCHRITTE DER PHYSIK

Volume 31 · 1983

PROGRESS OF PHYSICS

AKADEMIE-VERLAG · BERLIN

ISSN 0015-8208 Fortschr. Phys., Berlin 31 (1983)

Zeitschrift „Fortschritte der Physik"

Herausgeber: Prof. Dr. Frank Kaschluhn, Prof. Dr. Artur Lösche, Prof. Dr. Robert Rompe; Berlin.
Verlag: Akademie-Verlag, DDR-1086 Berlin, Leipziger Straße 3–4; Fernruf: 2236221 und 2236229; Telex-Nr.: 114420; Bank: Staatsbank der DDR, Berlin, Konto-Nr.: 6836-26-20712.
Chefredakteur: Dr. Lutz Rothkirch.
Anschrift der Redaktion: Sektion Physik der Humboldt-Universität zu Berlin, DDR-1040 Berlin, Hessische Straße 2.
Veröffentlicht unter der Lizenznummer 1324 des Presseamtes beim Vorsitzenden des Ministerrates der Deutschen Demokratischen Republik.
Gesamtherstellung: VEB Druckhaus „Maxim Gorki", DDR-7400 Altenburg, Carl-von-Ossietzky-Straße 30/31.
Erscheinungsweise: Die Zeitschrift „Fortschritte der Physik" erscheint monatlich: Die 12 Hefte eines Jahres bilden einen Band. Bezugspreis je Band 216,– M zuzüglich Versandspesen (Preis für die DDR: 120,– M). Preis je Heft 18,– M (Preis für die DDR: 10,– M).
Bestellnummer dieses Bandes: 1027/31.

AN (EDV) 57618

Inhalt des 31. Bandes

Number 1

Number 2

Number 3

Number 4

Number 5

Number 6

Number 7

Number 8—9

Number 10

Number 11

Number 12

Fortschr. Phys. 31 (1983) 1, 1—74

Untersuchungen an dichten z-Pinch-Plasmen

K. H. FINKEN

Institut für Experimentalphysik V, Ruhr-Universität Bochum, Bochum, BRD[1])

Zusammenfassung

Nach einem Überblick über die bisher veröffentlichte Literatur zu Messungen an z-Pinch Plasmen wird hauptsächlich über spektroskopische Untersuchungen an dichten Plasmen berichtet. Als Plasmaquelle dient einmal ein dynamischer z-Pinch, der Elektronendichten im Bereich $5 \cdot 10^{17}$ cm^{-3} $\leqq N_e \leqq 5 \cdot 10^{19}$ cm^{-3} bei Temperaturen von 10 eV $> kT_e >$ 3 eV bereitstellt. Aus Messungen der Kontinuumslichtintensität, die im Wellenlängenintervall von 200 nm $\leqq \lambda \leqq$ 12 μm durchgeführt wurden, sind die Elektronendichte und die Elektronentemperatur abgeleitet worden. Fernerhin gibt überthermische Lichtemission bei langen Wellenlängen Hinweise auf die Mikroturbulenz, die durch den elektrischen Stromfluß angefacht wird. Bei Untersuchungen der H_α-Linie wurden Linienverschiebungen und „Strukturen" auf die Spektrallinie näher analysiert. Es konnte aus dem selbstumgekehrten Teil der Linie Auskunft über das Magnetfeld der Korona gewonnen werden, die das dichte Plasma umgibt.
Für die Untersuchung der Wechselwirkung zwischen einem dichten Plasma und einem leistungsstarken CO_2-Laser-Strahl liefert der dynamische z-Pinch ein vollionisiertes und gut reproduzierbares Ausgangsplasma. Es wird in diesem Zusammenhang der Problemkreis der induzierten Brillouin-Rückstreuung analysiert.
Neben dem konventionellem z-Pinch wird eine neuartige Entladungsart, der „gasummantelte Pinch" beschrieben. Nach theoretischen Vorstellungen wird dieser z-Pinch dadurch stabilisiert, daß er von einem dichten Gasmantel umgeben wird. Die ersten Untersuchungen bestätigen die Stabilisierung der gefährlichsten langwelligen Instabilitäten; kurzwellige Instabilitäten können jedoch nicht vollständig unterdrückt werden.

Inhalt

[1]) D-463 Bochum, Universitätsstraße, Gebäude NB 05

1. Einleitung

Nachdem der Bau der Atom- und Wasserstoffbombe sowie auch der Nachweis der friedlichen Nutzungsmöglichkeit der Atomspaltung durch Fermis ersten Atomreaktor relativ schnell erfolgt war, war man zuversichtlich, auch für die Kernfusion rasch ein Reaktorkonzept entwickeln zu können. Ein derartiges Konzept erscheint auch heute noch attraktiv, da für jedes Land und praktisch für beliebig lange Zeit genügend leichter Kernbrennstoff zur Verfügung steht und da beim Fusionsreaktor wahrscheinlich die radioaktive Kontamination weniger problematisch sein wird als beim Spaltungsreaktor.
Die wichtigsten ersten Versuchsanlagen, die die kontrollierte thermonukleare Fusion ermöglichen sollten, waren die z-Pinche. Diese Experimente sind so benannt, weil bei den zylindersymmetrischen Aufbauten ein starker axialer Strom (z-Richtung) eingeschaltet wird. Er bewirkt zusammen mit dem azimutalen magnetischen Eigenfeld eine Lorentzkraft, die das an den Gefäßwänden gebildete Plasma zur Achse hin beschleunigt. Das Plasma wird bei diesem Prozeß infolge des Stromflusses ohmsch aufgeheizt. Diese Energieform wird hauptsächlich auf die Elektronen übergeleitet, da diese den Strom tragen. Zum anderen gewinnt das Plasma auch infolge der radialen Beschleunigung gerichtete kinetische Energie, die wegen der großen Masse hauptsächlich den Ionen zuzurechnen ist. Zur Erreichung eines guten Wirkungsgrades sollte diese Energie bei der Konvergenz des Plasmazylinders auf der Achse in thermische Energie um-

gewandelt werden. Dies ist jedoch oft nur unvollkommen der Fall. Als Folge davon werden radiale Oszillationen um die Gleichgewichtslage nach der Plasmakontraktion angefacht. Während der dabei auftretenden Expansionsphase ist die Plasmasäule instabil, so daß der komprimierte Plasmazustand nicht lange genug aufrecht erhalten wird. Neben dieser Rayleigh-Taylor-Instabilität gibt es noch einige weitere z. B. Kink- und Sausage-Instabilitäten, die ebenfalls die Lebensdauer der Plasmasäule stark reduzieren können. Durch Überlagerung axialer Magnetfelder kann jedoch ein Teil der Instabilitäten behoben oder zumindest können ihre Anwachsraten verringert werden. Gegen Ende der fünfziger Jahre war der erste Optimismus der Einsicht gewichen, daß der Einschluß und die Aufheizung des Plasmas in den bis dahin geplanten z-Pinch Maschinen unmöglich ist. Ein Ausdruck für diese Haltung war, daß 1958 die bis dahin geltende Geheimhaltung der Kernfusionsprojekte zugunsten eines internationalen Austausches aufgegeben wurde.

Von nun an wandte man sich zum Erreichen der kontrollierten Kernfusion verstärkt anderen Aufbauten zu wie dem weitaus stabileren Θ-Pinch oder toroidalen Experimenten, bei denen der Energieverlust an den Plasmaenden vermieden wird. Aber dennoch erschienen und erscheinen auch heute noch manche z-Pinch-Varianten durchaus als aussichtsreiche Alternativen auf dem Weg zur kontrollierten Kernfusion.

Neben einigen anderen Anwendungsmöglichkeiten wurde der z-Pinch nach 1960 vornehmlich für spektroskopische Arbeiten an dichten und nicht zu heißen Plasmen verwandt. Diese Lichtquelle erlaubt die Erzeugung von Teilchendichten, die 1 bis 2 Größenordnungen höher sind als bei Lichtbögen oder Θ-Pinchen. Daher eignen sich die z-Pinche vortrefflich für die Untersuchung der Starkverbreiterung und anderer Linienprofileigenschaften, deren Gewicht mit der Teilchendichte zunimmt. Die Temperatur dieser Plasmen ist von der Größenordnung $kT \approx 10$ eV, so daß die meisten Elemente mehrfach ionisiert werden können.

Der erste Teil dieser Arbeit befaßt sich mit den Ergebnissen einer Reihe von z-Pinchen und verwandten Experimenten. Damit soll ein Rahmen gesteckt werden, der zeigt, was diese Anlagen leisten können. Anschließend wird dann ausführlicher auf die Messungen anderer Gruppen eingegangen. die mit unseren Messungen in einem Zusammenhang stehen. Es wird sich zeigen, daß es sinnvoll ist, Untersuchungen an verschieden dimensionierten Pinchen durchzuführen, um einen großen Parameterbereich bei den Meßbedingungen zu erfassen.

Im Hauptteil dieser Arbeit wird über Forschungsergebnisse an drei verschiedenen z-Pinchen berichtet, an denen der Verfasser wesentlichen Anteil hatte. Der Schwerpunkt der Untersuchungen lag auf spektroskopischem Gebiet an Plasmen mit Teilchendichten zwischen etwa $10^{18}\,\mathrm{cm}^{-2} \leqq N_e \leqq 10^{20}\,\mathrm{cm}^{-3}$. Hier wurde sowohl das Kontinuumslicht als auch die Linienstrahlung untersucht. Weiterhin wurden räumlich and zeitlich aufgelöste Messungen der Magnetfeldverteilungen mit unterschiedlichen Meßmethoden ausgeführt. Schließlich wurde auch die Wechselwirkung zwischen einem dichten Plasma und einem CO_2-Laserstrahl untersucht. Diese Experimente können für den Mechanismus der Lichtabsorption bei der Laserfusion von Interesse sein. Die meisten Untersuchungen zu dieser Arbeit wurden an zwei Pinchexperimenten in Bochum durchgeführt; interessante ergänzende Messungen an einem neuen Hochspannungspinchtyp waren in Los Alamos (USA) möglich.

2. Überblick über z-Pinch-Entladungen und verwandte Experimente

Eines der wesentlichen Ziele der Plasmaphysik ist die Erstellung eines wirtschaftlich arbeitenden Fusionsreaktors. Zur Erreichung dieses Vorhabens muß das Plasma zwei Bedingungen erfüllen, die unter dem Namen Lawsonkriteri umbekannt sind: Die Plasmamatemperatur muß größer als 10^8 K und das Produkt aus Teilcheneinschlußzeit und Teilchendichte größer als $n \cdot \tau \gtrsim 10^{14}$ s $\cdot$ cm^{-3} sein. Die letzte Bedingung erlaubt eine Vielzahl von Realisierungsmöglichkeiten: Man kann entweder einen Reaktor bei mäßiger Teilchendichte — z. B. $N \approx 10^{13}$ cm^{-3} — und langen Einschlußzeiten oder bei extrem hohen Dichten — z. B. $N \approx 10^{25}$ cm^{-3} — und entsprechend kurzen Zeiten betreiben. Die erstere Möglichkeit wird heute mit den magnetischen Einschlußverfahren erprobt, die letztere mit der Laserfusion. Die z-Pinchexperimente lagen zwischen beiden Extremwerten. Die frühere z-Pinchgeneration bis ungefähr 1960 wurde bei Teilchendichten von etwa 10^{15} cm^{-3} betrieben; die heute diskutierten Typen orientieren sich stark an Rechnungen zur Laserfusion, wobei Teilchendichten von über 10^{20} cm^{-3} angestrebt werden.

Historisch gesehen wurde der Pincheffekt zunächst theoretisch von W. BENNET [*2*] im Jahre 1934 behandelt. Es ergibt sich für den stationären Pinch die Gleichgewichtsbedingung:

$$n_e(r) = \frac{n_{e0}}{[1 + (r/r_0)^2]^2}$$

$$I^2/\mathrm{A}^2 = 2 \cdot 10^{-9} \cdot (\mathrm{N/cm^{-3}}) \cdot (r_0^2/\mathrm{cm}^2) \cdot (T/\mathrm{eV}).$$

Hierbei bedeuten N_e die Elektronendichte, r_0 der Plasmaradius und I der Gesamtstrom des Plasmas. Die Gleichgewichtsbedingung zeigt, daß die Verteilung der Teilchendichte in der Mitte flach ist und zum Rand mit der vierten Potenz des Radius abfällt. Nur bei wenigen experimentellen Bedingungen können die Bennettrelationen exakt angewendet werden; sie erlauben jedoch bei vorgegebener Plasmakonfiguration leicht abzuschätzen, ob eine Plasmasäule kontrahiert oder expandiert, je nachdem ob der Pinchstrom größer oder kleiner ist als der o. a. ‚Bennettstrom'.

Der Pincheffekt wurde zwischen 1947 und 1951 am Imperial College in London zum erstenmal experimentell von COUSINS und WARE [*3*, *4*] nachgewiesen. Sie zeigten, daß ein Plasmakanal sich zusammenzog, wenn durch ihn ein Strom von etwa 10 kA floß. Schließlich, im Jahre 1951, wurden ihre Arbeiten als geheim eingestuft und in Aldermaston weiterentwickelt.

Die Zeit der geheimen Forschungsprogramme in Großbritannien und vor allem in den USA wurde im Jahre 1977 von W. H. BOSTICK als einem der daran Beteiligten in einer lebhaften Weise dargestellt [*5*]. Er berichtet nicht nur über die Erfolge und Schwierigkeiten mit den Experimenten aus jener Zeit, sondern auch über die Differenzen zwischen den führenden Persönlichkeiten, den verschiedenen Laboratorien und den verschiedenen Ländern, die teilweise nur mündlich ausgefochten wurden.

In den Jahren 1950—51 wurden in England das z-Pinch-Programm ‚sceptre' und in Los Alamos das Experiment ‚perhapsatron' gestartet. Etwa um 1952—1953 stellte sich heraus, daß die Aufheizung durch Stoßwellen und adiabatische Kompression möglich, jedoch die Stabilität unzureichend ist, da sich schnell sogenannte Knick- (kink) und Würstchen (sausage) Instabilitäten bilden. 1954 konnte von LEVINE gezeigt werden, daß sich diese Instabilitäten durch Überlagerung eines statischen axialen Magnetfeldes verhindern lassen. Ungefähr zur gleichen Zeit wurden von ROSENBLUTH [*6*] in Los Alamos wichtige Arbeiten zum Pinchmechanismus (Schneepflugmodell) und zur Plasmastabilität geleistet.

Etwa im Jahre 1955 wurden zunächst von B. BAKER in Berkeley und wenig später in Los Alamos und anderen Laboratorien hochenergetische Röntgenstrahlen und Neutronen aus der Reaktion D(D, n) He^3 bei Pinchentladungen nachgewiesen. Nach einem anfänglichen Optimismus über diesen Erfolg erkannte man jedoch schon bald, daß diese Neutronen nicht aus thermischen Reaktionen stammen wie erwünscht, sondern aus gerichteten Teilchenstrahlen im Pinch. Diese Entdeckung COLGATES 1956 in Livermore

beendete praktisch die Weiterentwicklung der z-Pinche. Von da an übertrug man die meisten Anstrengungen auf die Entwicklung der weitaus stabileren θ-Pinche.
Die frühere Entwicklungsgeschichte der Pinche in England wurde von H. A. B. BODIN [7] zusammengefaßt. Die Experimente, die in Aldermaston und Harwell durchgeführt wurden, verliefen parallel, jedoch unabhängig von denen in den USA und in der Sowjetunion; die Ergebnisse in allen Ländern waren ähnlich. Die Aktivitäten in England unterschieden sich von denen in den USA dadurch, daß schon früh eine große toroidale Anordnung-ZETA — gebaut wurde. Diese Anlage war ein zum Torus gekrümmter z-Pinch mit überlagertem Parallelfeld. Das Experiment mit einem Torusdurchmesser von 3 m ist eng mit den heutigen Tokamakexperimenten verwandt. Da es aber nicht die gewünschten Erfolge zeigte, wurde es leider viel zu früh abgebaut. Nach heutigen Kenntnissen, die man aus den Tokamakexperimenten gewonnen hat, erscheint diese Pinchentladungsart wieder aussichtsreich zur Erlangung eines stabilen Plasmagleichgewichts.
Die Ergebnisse der sowjetischen Experimente wurden in einer von den Zuhörern als historisch wichtig empfundenen Rede KURCHATOVS in Harwell am 25. April 1956 vor englischen Wissenschaftlern veröffentlicht, die sonst nicht an den geheimen Forschungen beteiligt waren. Die ersten amerikanischen Ergebnisse wurden auf der dritten ‚Internationalen Conference on Ionization Phenomena in Gases' 1957 in Wien mitgeteilt, und schließlich wurde wie bereits erwähnt 1958 die Forschung an der kontrollierten thermonuklearen Fusion von allen Fesseln der Geheimforschung befreit.
Die typischen Experimente um 1956—1958 waren so ausgelegt, daß sie einen Energieinhalt von etwa 100 kJ besaßen; innerhalb von 2 μs war der Strom auf seinen Maximalwert von etwa 1 MA angestiegen und wurde dann über niederinduktive Schalter kurzgeschlossen, so daß der Zerfall des Magnetfeldes langsam verglichen mit der Aufbauzeit erfolgte. Parallel zur Entladungsachse wurde ein quasistatisches Stabilisierungsfeld von einigen hundersteln Tesla angelegt; der typische Fülldruck in den Entladungsgefäßen, die etwa 30—50 cm lang und 10—20 cm dick waren, betrug etwa 100 m Torr. In der komprimierten Phase betrug die Elektronendichte etwa $10^{15}-10^{16}$ cm^{-3} und die Temperatur $kT \approx 300$ eV.
Die Aktivitäten in der BRD auf dem Gebiet der kontrollierten thermonuklearen Fusion setzten verglichen mit den übrigen Ländern relativ spät ein. Im Jahre 1958 erschien die erste Artikelserie über ein z-Pinchexperiment in München [*8*]. Die Anlage war von der gleichen Größenordnung wie die Experimente in anderen Ländern. Es wurden ebenso wie dort harte Röntgenstrahlung und Neutronenemission beobachtet. Ein Schwerpunkt der Untersuchungen lag bei der Analyse der Plasmabewegung und der Plasmastabilität bei Variation des longitudinalen Magnetfeldes. Es konnte eine befriedigende Übereinstimmung mit dem ersten für die breite Öffentlichkeit publizierten Schneepflugmodell von M. A. LEONTOVICH und S. M. OSOVETS [*9*] festgestellt werden. Die wichtigen Plasmaparameter Dichte und Temperatur wurden wie bei den übrigen frühen Experimenten mehr abgeschätzt als gemessen.
COLGATE und FURTH [*10*] untersuchten 1960 die Plasmastabilisierung durch eine Überlagerung diffiziler Magnetfeldverteilungen. Sie behandeln dabei den Antipinch, bei dem der Strom durch einen festen Innenleiter fließt, der von Plasma umgeben ist; weiterhin konnten quasistatische und schnell ansteigende axiale Magnetfelder überlagert werden, so daß die Polarität des Magnetfeldes bei Variation des Radius sich umkehrte. Das Plasma bildet bei diesen Konfigurationen einen Hohlzylinder, bei dem die Magnetfelder auf der Plasmaoberfläche verschert sind. Eine verwandte Weiterentwicklung dieser Pinche, die sogenannten Beltpinche, werden auch heute noch untersucht.
Eine weitere Möglichkeit zur Pinchstabilisierung stellt die sogenannte dynamische Stabilisierung dar. Hierbei fließen hochfrequente Ströme durch axial angeordnete Stäbe, die azimutale Multipolfelder zur Folge haben. Für einige Kombinationen aus Wechselfeldamplitude und Frequenz können eine oder mehrere der gefürchteten Kinkmoden ge-

dämpft werden. Der Vorteil der Methode ist, daß schon im Vergleich zum Hauptstrom kleine Stromamplituden zur Stabilisierung ausreichen. Die Methode ist 1961 von S. M. OSOVETS [*11*] vorgeschlagen und 1965 [*12*] experimentell bestätigt worden. In einem Übersichtsartikel 1974 [*13*] gibt OSOVETS die Ergebnisse für den sowjetischen Bereich wieder. In Los Alamos wurde die dynamische Stabilisierung 1971 [*14*] erfolgreich an einer z-Pinch-Entladung durchgeführt.
Wie bereits früher erwähnt, wird bei neueren z-Pinch-Experimenten nur noch selten versucht, das Plasma sehr lange einzuschließen; vielmehr will man das Lawsonkriterium dadurch erfüllen, daß möglichst hohe Teilchendichten angestrebt werden. In z-Pinchen kann dies durch Ausnutzen der ersten dynamischen Kompressionsphase erreicht werden. Bei diesem Pinchtyp wird im Vergleich zu den konventionellen Typen bei hohem Fülldruck — z. B. einigen Torr bis zu einigen Atmosphären — gearbeitet. Das ansteigende Magnetfeld beschleunigt zunächst das Plasma zur Achse hin. Vor der Plasmakonvergenz spielen die Trägheitskräfte im Vergleich zu den Magnetfeldkräften die dominierende Rolle, so daß das Plasma weit über die Gleichgewichtslage hinaus komprimiert wird.
Das System kann verbessert werden, indem man den Pinchstrom nicht durch das Plasma schickt, sondern durch schwereres Material, z. B. durch einen dünnwandigen Metallhohlzylinder, der sich durch die Wirkung der Lorentzkraft zusammenzieht. Um das Plasma aufzuheizen, überlagert man zunächst ein axiales Magnetfeld, das durch das Schrumpfen des Metall-Liners ebenfalls komprimiert wird. Durch die so erzeugten azimutalen Ströme und durch Stoßwellen wird das innere Plasma stark aufgeheizt. Infolge der großen Trägheit des Linermaterials erreicht man eine extrem starke Kompression des überlagerten Feldes. An diesem Problemkreis arbeiten sowjetische und amerikanische Gruppen [*15*]. Es wurden maximale Magnetfelder von wenigen Megagauß, Elektronendichten von $3 \cdot 10^{20}\ \mathrm{cm}^{-3}$ und Temperaturen von $kT \approx 400$ eV erreicht.
Eine weitere Gruppe z-Pinch-verwandter Anlagen, die die dynamische Anfangsphase ausnutzen, bilden die Plasma-Foci, die explodierenden Drähte und Fasern, die Vakuumfunken sowie der sogenannte Superpinch. Beim Plasmafocus, der ausführlich in den Übersichtartikeln von BOSTICK [*5*] und BODIN [*7*] behandelt wurde, erfolgt zunächst eine Plasmabeschleunigung zwischen einem axialen Innenleiter und dem Rückleiter. Dieser Effekt ist ähnlich den weiter unten behandelten koaxialen Plasmabeschleunigungen. Am Ende der Innenleiter wird dann die axiale Plasmageschwindigkeit in eine radiale Bewegung umgeleitet. Dabei bildet sich ein heißer dichter Plasmafaden aus. Die Teilchendichte beträgt dort etwa $10^{19}\ \mathrm{cm}^{-3}$, die thermische Energie wahrscheinlich einige hundert eV. Die Temperaturmessung erweist sich bei diesen Anlagen als schwierig, da der Plasmafaden extrem turbulent ist. Der Plasmafocus wird in den letzten Jahren wegen der besonders starken Neutronenemission untersucht. Man erreicht eine Neutronenausbeute von 10^{11} Neutronen pro Entladung.
Bei den ‚explodierenden Drähten' wird anstelle eines Gases ein Draht von typisch einigen 10 μm Dicke längs der Achse aufgespannt. Durch den starken Entladungsstrom wird das Drahtmaterial rasch verdampft und zieht sich zusammen. Wegen der hohen dissipierten Energiedichte erhält man ein Plasma mit etwa 10^{20} Teilchen/cm^3 und Temperaturen bis zu mehreren hundert Elektronenvolt. Die Untersuchungen werden z. B. durchgeführt zur Erlangung eines heißen und dichten Plasmas schwerer Elemente, deren spektroskopische Untersuchungen von Interesse sind [*16*]. Andere Gruppen verwenden deuterierte Kohlenwasserstoff-Fäden [*17*] und erhalten nahezu ähnlich starke Neutronenausbeuten wie in den Plasma-Foci. Starke überthermische Kontinuumsstrahlung, die bei Frequenzen auftritt, die gleich der Elektronenplasmafrequenz sind, deutet an, daß auch dieses Plasma stark turbulent ist [*18*].
In den Vakuumfunken, die, wie der Name sagt, im Vakuum, also ohne Füllgas, betrieben werden, wird das Plasma aus dem Elektrodenmaterial aufgebaut. Zwischen beiden Elektroden erfolgt dann der Stromfluß wie bei den z-Pinchen. Aus einer Instabili-

tät entwickelt sich wahrscheinlich eine Plasmakugel von nur wenigen μm Durchmesser. In der kleinen Plasmakugel besitzt das Plasma wahrscheinlich eine Dichte von 10^{21}—10^{22} Elektronen/cm^3 bei einer Temperatur von einigen Kiloelektronenvolt. Unter diesen extremen Bedingungen werden mittelschwere Elemente nahezu vollständig ionisiert. Der Vakuumfunken wird hauptsächlich zur spektroskopischen Untersuchung mittelschwerer Elemente benutzt [*19*]. In neuerer Zeit wird auch versucht, die Funken zu modifizieren, indem kurz vor Zündung ein Gasstrahl injiziert wird [*20*]. Durch Variation der Gasart kann die Plasmatemperatur beim „Gas-Puff-Pinch" weitgehend eingestellt werden; speziell bei der Verwendung schwerer Gase können bei einer Elektronendichte von höher als $N_e > 10^{20}\,\mathrm{cm}^{-3}$ Elektronentemperaturen von $kT_e > 1\,\mathrm{keV}$ erreicht werden. Das Plasma stellt eine interessante Lichtquelle für den Röntgen-Spektralbereich dar.

Von uns wurde in jüngerer Zeit diese Idee aufgegriffen und zum „Gas-Liner-Pinch" [*20*] weiterentwickelt. Bei dieser z-Pinch-Entladungsart wird das Gas ebenfalls gepulst eingelassen, und zwar über zwei unabhängig voneinander arbeitenden schnellen Ventilen. Ein Gasstrahl, das Testgas, wird entlang der Achse eingespeist; die zweite Gasart, das Treibgas, fließt als konzentrische Schale parallel zur Achse. Aufgabe des Treibgases ist es, die Energie aus dem äußeren Kreis „optimal" zu übernehmen. Die Optimalisierung erfolgt über die Gasart und den Gasdruck. Bei Verwendung eines leichten Treibgases bleibt die Temperatur der komprimierten Säule gering; beim Einlaß eines schweren Gases gewinnen die Plasmateilchen infolge ihrer höheren Masse mehr kinetische Energie und erzeugen eine höhere Plasmatemperatur. Experimentell wurde fesgestellt, daß sich auf diese Weise die Plasmatemperatur zwischen $5\,\mathrm{eV} \leqq kT_e \leqq 5\,\mathrm{keV}$ variieren läßt. Die eigentlichen Untersuchungen werden am Testplasma durchgeführt, das auch während der Entladung auf den zentralen Teil beschränkt bleibt. Die wichtigsten Eigenschaften des Testplasmas sind: Temperatur und Dichte können im wesentlichen durch das Treibgas kontrolliert werden, es besitzt keine kalte Randschicht und ist homogen.

Es eignet sich daher hervorragend für spektroskopische Untersuchungen, wie die ersten Tests ergeben haben.

Ein neuerer Pinchentwurf, bei dem die kontrollierte Kernfusion in der dynamischen Pinchphase erreicht werden soll, ist der sogenannte ‚Superpinch' von F. Winterberg [*21*]. Das Plasma soll analog wie bei der Laserfusion komprimiert und aufgeheizt werden. Für einen Pinch von einem Außendurchmesser von 10 cm und einer Achsenlänge von 3 cm sollte eine Spannung von $U \approx 7{,}5 \cdot 10^7\,\mathrm{V}$ bei einem anfänglichen Spannungsanstieg von $U \approx 4 \cdot 10^8\,\mathrm{V/s}$ zur Erreichung der Zündbedingung ausreichen. Als notwendiger Energiegehalt des Speicherkreises werden 13 MJ berechnet.

Topologisch ähnlich den z-Pinchen sind einige Plasmabeschleuniger. Bei ihnen ist eine Elektrode als sich konisch aufweitender Rückleiter ausgebildet; für die Ausbildung der anderen Elektrode gibt es eine Reihe von Ausführungen von einer zentralen hinteren Platte bis zu einem koaxialen Innenleiter. Die Plasmabeschleuniger wurden hauptsächlich für Raumfahrzwecke als Antriebsaggregate untersucht, da sie eine weitaus höhere Ausströmungsgeschwindigkeit gestatten als die Verbrennungsaggregate. Mit derartigen Plasmabeschleunigern wurde eine Argonaustrittsgeschwindigkeit bis zu $9 \cdot 10^6\,\mathrm{cm/s}$ gemessen [*22*].

Nicht ganz durchsichtig erscheint das Ziel der Experimente, die sich mit der Wechselwirkung eines relativistischen Elektronenstrahls mit einem z-Pinch hoher Dichte ($N_e \approx 10^{18}\,\mathrm{cm}^{-3}$) beschäftigen. Angestrebt wird, das Pinchplasma als Leiter für den intensiven Elektronenstrahl zu benutzen. Die Experimente sollen für die Trägheitsfusion mit Elektronenstrahlen wichtig sein. Da aber militärische Forschungsstellen an den Experimenten beteiligt sind und die Targetplatte mit Elektronenbeschuß auf Beschädigungen hin untersucht wird, scheinen auch militärische Aspekte als Hauptziel der Versuche nicht ausgeschlossen [*23*]. Sicherlich frei von diesem Verdacht sind die

Experimente von Kilkenny, der einen relativistischen Strahl als Pinchstrom betreibt. Wichtig bei diesen Experimenten ist die Gasionisierung und die Plasmaaufheizung. Mehr der Vollständigkeit halber seien auch einige praktische Anwendungsbeispiele für z-Pinche genannt. Die z-Pinch-Plasmen hoher Dichte senden intensive Strahlung vor allem im vakuumultravioletten Spektralgebiet aus. Diese Strahlung kann zur Vorionisierung anderer Plasmen verwandt werden. Eine derartige Strahlungsvorionisierung ist besonders von Interesse, wenn Experimente mit dünnen Plasmen ohne eingefangene Magnetfelder durchgeführt werden sollen. Für diesen Zweck wurde eine Xenon-Lichtquelle entwickelt, die den Hauptteil ihrer Strahlung bei etwa 700 Å abgibt. Diese Strahlungsquelle ionisiert in einem Abstand von 75 cm Wasserstoffgas bei einem Fülldruck von 1 mTorr zu 9% [*24*].
Schließlich kann auch der Pinch bzw. der Plasmafocus für Wandbeschädigungsuntersuchungen durch Teilchenbeschuß [*25*] bzw. durch den elektrischen Strom verwendet werden [*26*].

Tabelle 1

Experimentelle Arbeiten an z-Pinchen

Untersuchungsziel	Literatur
Erste z-Pinchkonzepte bis 1960	[*1–9*]
Stabilitätsuntersuchungen bei verschiedenen Magnetfeldkonfigurationen	[*10*]
Dynamische Stabilisierung von z-Pinchen	[*11–14*]
z-Pinche mit Metalliner	[*15*]
Plasmafoci	[*5, 7*]
Explodierende Drähte	[*16–18*]
Vakuumfunken	[*19–20*]
Superpinch (theoretisch)	[*21*]
z-Pinch-Plasmabeschleuniger	[*22*]
Injektion eines relativistischen Elektronenstrahls in einem z-Pinch	[*23*]
Vorionisierung mit einem z-Pinch	[*24*]
Plasma-Wand-Wechselwirkung	[*25–26*]

3. Überblick über die theoretischen Veröffentlichungen zum z-Pinch

Die theoretischen Arbeiten über den z-Pinch können grob in eine Gruppe eingeteilt werden, die sich mit der Plasmabewegung bis zur Konvergenz auf der Achse und der Gleichgewichtskonfiguration befaßt, sowie in eine andere Gruppe, die die Instabilitäten des Gleichgewichtsplasmas behandelt. Zu der ersten Gruppe gehören die Schneepflug- und Stoßwellenmodelle von M. N. Osovets [*9*], J. E. Allen [*27*], J. D. Jukes [*28*] und W. Köppendorfer [*29*]. Diese Arbeiten wurden zu der Zeit geschrieben, als die Erwartungen in die z-Pinch-Plasmen als Fusionsquelle auf dem Höhepunkt waren. Im Zusammenhang mit diesen plasmadynamischen Untersuchungen sind auch die Rechnungen von C. T. Chang und O. Kofoed-Hansen [*30*] zu nennen, die die optimale Anpassung des Pinches an die vorgegebene Kondensatorbatterie bestimmen. Neuere Quasigleichgewichtsbetrachtungen [*31*] sind sowohl für den z-Pinch mit überlagertem Magnetfeld als auch für die verwandten Tokamaks von Bedeutung. Bei diesen Veröffentlichungen wird besonders die Magnetfelddiffusion im Plasma erörtert. Schließlich leiten Rechnungen von B. Ahlborn und M. Salvat [*32*] über zu neuen hydromagnetischen Rechnungen der Plasmakonvergenz bei dichten z-Pinchen [*33*] und Plasma-Foci [*34*]. Die Arbeit von D. Potter ist eine wichtige Erweiterung zu den früheren Schneepflugarbeiten. Es wird angenommen, daß auch hier der Pinchstrom einen magnetischen Kolben bildet, der das Plasma vor sich herschiebt. Die dem Kolben vorgelagerte Plasmaschicht wird als homogen bis zu einer davor gelagerten Stoßfront angenommen. Als Sprungbedingung für die Stoßfront werden die Rankine-Hugoniot-Bedingungen verwendet. Der Fortschritt bei dieser Arbeit ist, daß die Plasmakompression nicht singulär endet, sondern asymptotisch zu einer Gleichgewichtslage verläuft. In Abhängigkeit von der Adiabatkonstanten γ bestimmt sich weitgehend unabhängig von der Pinchstromstärke der Enddurchmesser der Plasmasäule sowie das Kompressionsverhältnis. Leider sind jedoch bei der Lösung die Ionisationsprozesse nicht behandelt, so daß die Aussagen für ein nicht vorionisiertes Ausgangsplasma nicht ohne weiteres anwendbar sind.

M. G. Haines [*35*] untersucht im Gegensatz zu den meisten Arbeiten das z-Pinch-Gleichgewichtsplasma vom Gesichtspunkt der Teilchenbahnen aus. Aus seinen Überlegungen folgt, daß der wesentliche Teilchentransport nur im Pinchzentrum vonstatten geht. Die Teilchenbahnen innerhalb eines Larmorradius vom Zentrum aus gerechnet sind singuläre Bahnen, die die Teilchen zwischen den beiden Elektroden durchfliegen können. Außerhalb dieser Bahnen sind die Teilchen an die azimutalen Magnetfelder gebunden, um die sie nur gyrieren können. Haines berechnet auch die Bedingungen, die notwendig sind, das Lawson-Kriterium zu erfüllen: Er errechnet eine Liniendichte von $N = \int 2\pi r \, dr n(r) = 5{,}6 \cdot 10^{18}\ \mathrm{m}^{-1}$, eine Spannung $U = 6{,}5 \cdot 10^4$ V und einen Strom von $I = 9{,}7 \cdot 10^5$ A.

Die Verwirklichung dieser Bedingungen scheint nicht unrealistisch. Nach einer Arbeit von D. A. Tidman [*36*] entwickelte sich ein neuer Zweig der z-Pinche, der gasummantelte Pinch (gasembedded z-Pinch). Bei diesem Pinchtyp wird eine Gasentladung bei hohem Druck — typisch eine oder mehrere Atmosphären — auf der Achse gezündet. Zum Erfüllen des Lawsonkriteriums ist auch bei diesem Pinchtyp, ähnlich wie bei neueren hochdichten Pinchen, eine Stromstärke von mehreren Millionen Ampère notwendig. Da die Plasmazündung bei den hohen Fülldrucken meist instabil verläuft, ist eine gute Vorionisierung des Entladungskanals etwa durch einen Laser- oder Elektronenstrahl notwendig. Der gasummantelte Pinch hat in jüngerer Zeit hauptsächlich Aufmerksamkeit auf sich gezogen, da er wesentlich stabiler sein soll als andere Pinche [*37*]. Der Grund dafür ist, daß die Plasmasäule, die durch eine beginnende Instabilität verborgen wird, sich an dem Gasmantel abstützt, indem sie dorthinein Stoßwellen emittiert. Dadurch werden die Anwachsraten der meisten Instabilitäten mit steigendem Manteldruck verringert. Rechnungen für gasummantelte Pinche, die das Lawsonkriterium erfüllen sollten, wurden von mehreren Gruppen gegeben [*38*]. Der Autor besaß die Gelegenheit, an Arbeiten an einem derartigen hochdichten Pinchtyp in Los Alamos mitwirken zu können.

Schon in den fünfziger Jahren ist die Frage weitgehend gelöst worden, ob eine gegebene Plasmagleichgewichtskonfiguration stabil ist oder nicht. Für diese Aufgabe stehen das Energieprinzip und die ‚normal mode'-Analyse zur Verfügung. Durch Anwendung von Variationsmethoden auf das Energieprinzip ist es möglich, bei fast allen Konfigurationen die Frage nach der Stabilität prinzipiell zu beantworten. Der Nachteil dieser Methode ist jedoch, daß die Art und die Anwachsrate der Instabilität nicht beschrieben werden kann. Diese Aufgabe löst die ‚normal mode'-Methode; ihr Nachteil ist jedoch häufig die schwierige praktische Durchführung. In einer neueren Arbeit zur Plasmainstabilität ist es gelungen, aus dem Energieprinzip wenigstens obere und untere Grenzen der Wachstumsraten der Instabilitäten anzugeben [*39*]. Die Abhandlung ist allgemein gehalten, jedoch ist eine Lösung auch für z-Pinche spezialisiert. Eine Weiterentwicklung im Vergleich zu den meist im Rahmen der MHD-Theorie durchgeführten Instabilitätsrechnungen stellt auch die Arbeit L. Turners [*40*] dar, der von der Vlasov-Gleichung ausgeht. Durch einen magnetoviskosen Term kann eine ‚endliche Lamorradius'-Stabilisierung im Vergleich zu den einfacheren MHD-Theorien erreicht werden. Es werden numerische Resultate zum magnetfeldstabilisierten z-Pinch gegeben.

Mit der Normalmoden-Methode kann im allgemeinen nur die Anfangsphase von Instabilitäten beschrieben werden. Für die praktische Beobachtung gelten diese Modelle nicht mehr, da dann das Plasma nach einem nichtlinearen Modell behandelt werden muß. Derartige Rechnungen sind für die ‚sausage'-Instabilität [*41*] und die Rayleigh-Taylor-Instabilität [*42*] durchgeführt worden. Die ‚sausage'-Instabilität wächst schneller an für große Werte des Wellenzahlvektors k als für kleine. In der nichtlinearen eindimensionalen Entwicklung führt dies zur Ausbildung scharfer Spitzen, deren Abstand von der Größenordnung des Plasmaradius ist. Im Gebiet kurzer Wellenlängen wird die ‚sausage'-Instabilität der Rayleigh-Taylor-Instabilität ähnlich. Dieser letztere Instabilitätstyp ist für ein implodierendes Plasma mit Metallfolienummantelung numerisch gelöst.

Im Gegensatz zu den meisten Stabilitätstheorien fragen K. FONG und B. AHLBORN [*43*] nach dem Ausheilen einer anfänglichen Verbiegung bei einer zylindrischen oder sphärischen Stoßfront. Diese Fragestellung ist sinnvoll, da stärker gekrümmte Flächen — z. B. zurückgebliebene Teile der Stoßfront — eine höhere Fortpflanzungsgeschwindigkeit haben als weniger gekrümmte. Die Arbeit bezieht sich zum Teil auf zylindrische Stoßfronten wie beim z-Pinch, mehr jedoch auf sphärische wie sie bei der Implosion des Targets bei der Laserfusion vorkommen.

Die endliche Plasmalänge des z-Pinches, d. h. besonders das Elektrodengebiet, wird von VIKHREV und GRUEEV [*44*] behandelt. Hier beeinflußt der Hallstrom wesentlich die Teilchenbewegung. Er führt zu einer Reduktion der Radialgeschwindigkeit und einer Beschleunigung des Plasmas.

Neben den makroskopischen Instabilitäten können im Plasma Mikroinstabilitäten durch Strahl- und Plasmawechselwirkung induziert werden. Der Einfluß eines relativistischen Elektronenstrahls wurde schon früher behandelt [*23*]. Für die Fusion wird aber auch die Bestrahlung mit hochenergetischen Protonen (10 MeV) in Erwägung gezogen. In diesem Fall kann das z-Pinch-Plasma wiederum als Teilchenleiter dienen. Die Schwellwerte der dabei möglicherweise angefachten Mikroinstabilitäten werden in [*45*] behandelt.

Bei den Vakuumfunken ist dagegen das Problem ungelöst, wie sich eine einige μm dicke Plasmakugel mit Elektronendichten von 10^{22} cm^{-3} und Temperaturen von einigen Kiloelektronenvolt bilden kann. Als Lösungsvorschläge zu diesem Problem wurden der Mechanismus der ‚sausage'-Instabilität [*46*] sowie Kontraktion durch Strahlungsverlust [*47*] genannt; Blistering und die vorgenannten Mechanismen werden auch von NEGUS und PEACOCK diskutiert [*19*].

Tabelle 2

Theoretische Arbeiten zu z-Pinchen

Untersuchungsgegenstand	Literatur
Schneepflugmodelle u. ä.	[*9, 27–30, 32–34*]
Fusionsorientierter Gleichgewichtspinch	[*35*]
Gasummantelter Pinch	[*36–38*]
Variationsmethode zur Bestimmung der Anwachsrate von Instabilitäten	[*39*]
Stabilität des Vlasov-Plasmas	[*40*]
Nichtlineare ‚normal mode'-Rechnungen	[*41–42*]
Stabilisierung von Stoßfronten	[*43*]
Elektrodeneffekt	[*44*]
Wechselwirkung zwischen Pinchplasma und relativistischem Elektronenstrahl	[*45*]
Vakuumfunken	[*19, 46, 47*]

4.1. Dynamische z-Pinche

In den folgenden Abschnitten werden die dynamischen z-Pinche behandelt, zu denen auch der Pinch an der Ruhr-Universität in Bochum zählt. Wie bereits erwähnt, wird bei diesem Pinchtyp die Massenträgheit des implodierenden Plasmas zur Erreichung hoher Teilchendichten ausgenutzt. Die erzielbare Teilchendichte hängt stark von den geometrischen Abmessungen des Entladungsgefäßes, von der in das Entladungsgefäß eingefüllten Gasmenge, von der gespeicherten Entladungsenergie sowie von der Anstiegszeit des Magnetfeldes ab. Zur Optimierung der Teilchendichte während der Pinchphase müssen bei gegebener Entladungsenergie die Massendichte des Füllgases, der Gefäßradius und die Zeit der Entladungsperiode so aufeinander abgestimmt sein, daß die konvergierende Plasmadichte möglichst lange Energie aus dem beschleunigenden Magnetfeld aufnehmen kann. Bei fester Entladungsenergie bestimmt die Stromanstiegsgeschwindigkeit entscheidend die Kolbengeschwindigkeit des Plasmas und damit das Kompressionsverhältnis. Mit „langsamen" Pinchen lassen sich nur geringere Teilchendichten erreichen als mit „schnellen". Die meisten grundlegenden Experimente zum Verlauf der dynamischen Pinche wurden in den Jahren nach 1960 durchgeführt, und zwar vornehmlich in der BRD, in England, in Kanada und in Japan. Neben den Untersuchungen der Plasmadynamik wurden auch diagnostische Untersuchungen angestellt, die sich mehr mit den Eigenschaften des vorgegebenen Plasmas befaßten. Es liegt daher nahe, dieses Kapitel in einen plasmadynamischen Teil und einen Teil der Diagnostik des dichten Plasmas zu unterteilen.

4.2. Zeitentwicklung des dynamischen Pinch-Plasmas

Der dynamische z-Pinch ist aus dem ‚normalen' z-Pinch weiterentwickelt worden, in dem die immer vorhandene dynamische Anfangsphase zur dominierenden Phase überführt wurde. Dies geschah im wesentlichen dadurch, daß in den vorhandenen Anlagen der Arbeitsdruck der eingefüllten Gase erhöht wurde. Durch diese Umstellung verlangsamt sich die dynamische Anfangsphase und erstreckt sich dann über einen größeren Zeitabschnitt der Entladung. Nachdem der z-Pinch als möglicher Fusionsreaktor an Interesse verloren hatte, erfolgten die Untersuchungen an dieser neuen Betriebsart nahezu gleichzeitig bei den Forschungsgruppen Maecker (1960), Zwicker (1960) und Bötticher (1961) in der BRD und Curzon in England (1960) und in Kanada (1962). Später lieferten die Gruppen Ishii, Kyoto, Japan (1966) und Bach, Michigan, USA (1977) wichtige Beiträge.

Die Gruppe Maecker [*48*] (Erlangen) veröffentlichte zwischen 1961 und 1966 eine Reihe von Arbeiten über dichte Pinchplasmen. Bei den beschriebenen Untersuchungen wurden z-Pinche verschiedener geometrischer Größen und von verschiedenem Energieinhalt verwandt. Die meisten Messungen wurden an einem Pinch von 50 cm Länge und 20 cm Durchmesser durchgeführt. Die elektrischen Daten des Pinches waren: Ladekapazität 30 μF, Ladespannung 14 kV, Maximalstrom 100–200 kA und Stromanstiegszeit 150 kA/μs. Der Füllgasdruck wurde bei den Messungen zwischen 0.03 Torr und 3 Torr H_2 variiert. Wie erwartet, verläuft mit wachsendem Fülldruck die Entladungsphase immer langsamer; bei einem Fülldruck von 3 Torr H_2 erfolgt die Kontraktion erst nach 6 μs, das ist bei dieser Anlage etwa zum Ende der ersten Halbwelle einer Entladungsperiode. Auffallend war, daß bei hohen Fülldrücken die Rotationssymmetrie des Plasmas wesentlich länger erhalten bleibt (bei 1,2 Torr länger als 20 μs) als bei kleinen (bei 0,4 Torr etwa 5 μs). Im zeitaufgelösten Entladungsspektrum beobachtet man bei hohen Drücken zum Zeitpunkt der maximalen Kompression ein starkes Kontinuum, das alle Linien überdeckt. Nach der ersten Kontraktion findet man hingegen ein Linienspektrum mit starken Verunreinigungslinien, die vom Wandmaterial stammen. Aus einer Analyse des räumlich und zeitlich aufgelösten Kontinuumslichtes gewinnt Böhnlein die Plasmatemperatur und die Elektronendichteverteilung. Die maximale Elektronentemperatur wird zu 25000 K und die maximale Teilchendichte zu etwa 10^{19} cm^{-3} angegeben; der Durchmesser der kontrahierten Plasmasäule beträgt etwa 1 cm. Zum Zeitpunkt der maximalen Kompression beträgt die Plasmadichte außerhalb der Säule maximal 10^{17} cm^{-3}. Neben diesen spektroskopischen Untersuchungen werden fernerhin Framing- und Streakaufnahmen (W. Hertz) zur Analyse der Plasmadynamik und vor allem der beobachteten Instabilität durchgeführt. Die Plasmabewegung bis zur Kompression und die Stromverteilung wurden von H. Schindler gemessen. Ein wichtiges Ergebnis dieser Messungen ist, daß im Pinch bis zur ersten Kompressionsphase Ströme unterschiedlicher Polarität, also im Plasma geschlossene Kreisströme, fließen können. Möglicherweise sind für diese ‚negativen' Ströme die Trägheitskräfte verantwortlich, die das Magnetfeld komprimieren. Die wesentliche Rolle der Trägheitskräfte wird von W. Hertz, A. Koller und A. Michel diskutiert. Ihre Berücksichtigung ergibt theoretisch eine doppelt so starke Kompression wie das Magnetfeld allein liefern würde.

Die Untersuchungen der Gruppe Zwicker [*49*] wurden ebenfalls an einem z-Pinch von 50 cm Länge und 20 cm Durchmesser durchgeführt. Die Ladekapazität betrug 40 μF bei einer Ladespannung von 33 kV; der Fülldruck wurde zwischen $5 \cdot 10^{-2}$ Torr und 15 Torr variiert. Als Arbeitsgase wurden Wasserstoff, Helium, Argon und Xenon benutzt. Die Untersuchungsmethoden und Ergebnisse sind zum großen Teil sehr ähnlich denen, die von Maecker angegeben wurden. Für die Anlayse der Plasmadynamik wurden ebenfalls Framing- und Streaktechnik verwendet. Es zeigt sich auch hier, daß die Pinchplasmen höherer Dichte wesentlich stabiler sind als bei Verwendung eines kleineren Fülldruckes. Die zeitaufgelösten Spektrogramme zeigen ebenfalls bei der maximalen Kompression ein starkes Kontinuumslicht, was wiederum auf eine hohe Elektronendichte schließen läßt. Da das Kontinuum weitgehend die Planckkurve widerspiegelt, kann aus der absolut gemessenen Strahlungsdichte die Plasmatemperatur bestimmt werden. Das Ausmessen der optischen Dicke der Plasmasäule liefert daneben die Teilchendichte. Für Wasserstoffplasma ergeben sich maximale Temperaturen von 70000 K und für Heliumplasma etwa 100000 K. Bei Variation des Fülldruckes durchläuft die maximal erreichbare Teilchendichte der komprimierten Säule ein Maximum, das bei $p_0 = 1{,}5$ Torr He etwa $3 \cdot 10^{19}$ cm^{-3} und bei $p_0 = 1{,}5$ H_2 etwa $2 \cdot 10^{19}$ cm^{-3} beträgt. Das Durchlaufen des Dichtemaximums erklärt Zwicker mit einer optimalen Anpassung an den Entladungskreis: Bei kleinerem Fülldruck erfolgt die Kontraktionsphase so rasch, daß das Plasma nur verhältnismäßig kurz beschleunigt werden kann; bei zu hoher Fülldichte dauert die Kompressionsphase länger als eine halbe Entladungsperiodendauer, so daß starke Ströme beider Polarisationsrichtungen im Plasma fließen. Optimal ist der Fülldruck dann, wenn die Kompression in der 2. Viertelperiode erfolgt. Die optischen Beobachtungen zur Plasmadynamik werden durch Magnetfeldsondenmessungen von Erbslöh vervollständigt. Die Ergebnisse sind sehr ähnlich denen der Maeckergruppe; auch hier werden geschlossene Strombahnen schon in der ersten Entladungshalbwelle gefunden. Die Strahlungsverluste, deren Hauptanteile sich im vakuumultravioletten Spektralbereich befindet, untersuchte M. Kaufmann. Er fand, daß bei optimaler Ankopplung des Pinchplasmas an das Entladungssystem bis zu einem Drittel der Energie abgestrahlt wird.

Am Imperial College in London wurden dynamische z-Pinche mit besonders starker Intensität studiert. Die Untersuchungen begannen 1960 und dauern bis heute an [*50*]. Während dieser Zeit haben die verwendeten Pinchversionen öfter gewechselt, so daß es nicht immer leicht erscheint, aus den jeweiligen Literaturzitaten die Meßergebnisse den Pinchen der verschiedenen Anlagen zuzuordnen. Besonders die Gruppe Burgess benutzte die vorgegebenen dichten Pinchplasmen für eine Reihe spektroskopischer Untersuchun-

gen, auf die später eingegangen werden soll. Die Untersuchungen begannen 1960 an einem Pinch von 50 cm Länge und 15 cm Durchmesser. Im Vergleich zu den bisher behandelten Pinchtypen war die Speicherkapazität außergewöhnlich hoch, nämlich $C = 720 \times 27\ \mu F$ bei einer Ladespannung von maximal 5 kV. Die Zahl der Kondensatoren konnte verringert werden; die meisten Messungen wurden bei einer Kapazität zwischen 100 und 1000 μF durchgeführt. Infolge der hohen Speicherkapazität war die Entladung sehr langsam. Man erreichte daher auch nur einen Maximalstrom von 35—150 kA. Bei den Untersuchungen wird als Füllgas Argon bei einem Arbeitsdruck von 0,12—1 Torr verwendet. Bei dieser langsamen Entladung findet die Plasmakonvergenz erst nach 5—25 μs statt je nach Fülldruck. Es wird beobachtet, daß sich ähnlich wie in den früher behandelten Experimenten, eine leuchtende Schicht von der Gefäßwand löst und zur Achse hin läuft. Nachdem diese Schicht etwa 2/3 des Radius zurückgelegt hat, erscheint auf der Achse ein stark leuchtender Plasmafaden, der zur Schicht hin expandiert. Die Beobachtungen werden so gedeutet, daß die stark leuchtende Schicht mit dem stromführenden Magnetfeldkolben zu identifizieren ist. Infolge der ohmschen Verluste wird das Plasma dort aufgeheizt und ionisiert. Dieser Schicht vorgelagert ist eine Stoßfront. Da das Plasma von der Stoßwelle erheblich weniger aufgeheizt wird als im Kolben, erscheint die Schicht nur sehr schwach leuchtend. Wenn die Stoßwelle auf der Achse konvergiert, erscheint der expandierende leuchtende Plasmafaden. Dieses Bild wird von einer Reihe anderer Untersuchungen gestützt wie z. B. von Folkierski und Latham (1963), Burton und Jahn [*51*], von der Gruppe um Bötticher [*52*] sowie der Gruppe in Vancouver [*53*].
Die Plasmasäule bleibt stabil bis zur maximalen Kompression und wird dann instabil. Die beobachteten Wellenlängen und Anwachsraten stimmen innerhalb der Meßgenauigkeit mit der Rayleigh-Taylor-Instabilität überein. Die auch hier gefundene geringere Instabilität bei hohen Fülldrücken wird auf die geringere Plasmageschwindigkeit zurückgeführt.
Im Jahre 1965 wurde eine zweite Anlage ausgemessen. Die Gefäßlänge betrug 75 cm, der Durchmesser 4,3 cm. Das Experiment ist also bezüglich der Ladeenergie erheblich kleiner als die bisher untersuchten; die Stromanstiegszeit ist hingegen ähnlich wie bei den Maeckerschen und Zwickerschen Anlagen. Mit spektroskopischen und interferometrischen Methoden werden bei beiden Aufbauten die Teilchendichten ausgemessen. Für die langsame große Anlage ergeben sich Dichten bis zu $2 \cdot 10^{18}\ cm^{-3}$ — das ist etwa eine Größenordnung weniger als bei Maeckers und Zwickers Anlagen — für das kleine Experiment werden maximale Dichten von $3 \cdot 10^{16}\ cm^{-3}$ für verschiedene Füllgase angegeben.
Eine neue Entwicklung auf dem Gebiet der z-Pinche stellen die Experimente von P. Choi et al. bzw. P. Beldock et al. dar. Die Pinche haben nur eine Länge von 5 und 3 cm und Radien von 1 und 0,5 cm. Sie werden betrieben in 350 m Torr bzw. 1 Torr Wasserstoff. Charakteristisch für diese Pinche ist der elektrische Kreis: Ein Blumlein-Entladungskreis liefert eine Spannung von 600 kV bei einem Maximalstrom von 100 kA. Die Zeitspanne bis zur Plasmakontraktion ist mit 50 ns extrem kurz verglichen mit ‚normalen' Pinchen. Es werden maximale Teilchendichten von $2 \cdot 10^{18}\ cm^{-3}$ bei Elektronentemperaturen zwischen 0,2 und 1 keV gefunden. Das Plasma kontrahiert bis zu 1/3 des Ausgangsradius und bleibt dort für größenordnungsmäßig 100 ns stabil. Diese Beobachtungen stimmen gut mit den dazu gemachten MHD-Rechnungen Potters [*33*] überein.
Das Schwergewicht bei den Experimenten der Gruppe um W. Bötticher lag bei der Untersuchung der Plasmadynamik des Kolbens und der Stoßwelle. Auch hier wurden verschiedene Pinchaufbauten verwendet. Bei den ersten Messungen wurde ein Pinch von 100 cm Länge, 18 cm Durchmesser, einer Speicherkapazität von 180 μF und einer Ladespannung von 35 keV betrieben; bei den späteren wurde ein Pinch von 10 cm Länge, 29 cm Durchmesser, 150 μF Speicherkapazität und 30 kV Ladespannung gebaut.

Bei einigen Messungen war es möglich, dem Pinch ein axiales Magnetfeld zu überlagern. Zur Erzielung einer guten zeitlichen Auflösung wurden die Pinche mit verhältnismäßig hohen Fülldrücken (z. B. 2—32 Torr H_2) betrieben. Die Plasmakontraktion erfolgte bei diesem relativ langsamen Pinch nach 5—15 μs. Aus spektroskopischen Methoden ergab sich die Plasmatemperatur des Kolbens zu etwa 50000 K und die der schwach leuchtenden Stoßfront zu 24000 K. Zur Beschreibung der Pinchdynamik wurde ein Stoßwellenmodell (W. Bötticher und H. Dammann) entwickelt, das besonders die Abweichung von den idealen Gasgesetzen durch Ionisation berücksichtigt. Bei Überlagerung eines axialen Magnetfeldes kann der Einfang dieses Feldes durch das Stoßwellenmodell beschrieben werden (W. Bötticher, 1965). Charakteristisch für den Fall des überlagerten Magnetfeldes ist, daß die Stoßwelle bei der ersten Kontraktionsphase nicht mehr bis zur Achse vordringt, sondern vorzeitig durch den inneren Magnetfelddruck gestoppt wird. Sowohl die beobachtete Frontgeschwindigkeit als auch der Dichte- und Temperaturanstieg beim Durchlaufen der Stoßwelle können befriedigend erklärt werden. Magnetfeldsondenmessungen zeigen auch bei diesem Entladungstyp, daß die Trägheitskräfte während der Kompression dominierend werden. Das äußert sich darin, daß das Magnetfeld von der Massenströmung komprimiert wird. Die Magnetfeldkompression ist mit Strömen negativer Polarität verbunden, die auch schon in früheren Experimenten beobachtet wurden. Auf der Entladungsachse werden bei diesem Pinchtyp Teilchendichte bis zu $6 \cdot 10^{18}$ cm^{-3} beobachtet. Der Wert liegt zwischen den von Maecker und Zwicker gemessenen Werten und denen des noch langsameren Pinches im Imperial College.

Die Aktivitäten der Kanadischen Gruppe in Vancouver-British Columbia [*53*] begannen 1962 mit einer Arbeit über Rayleigh-Taylor-Instabilitäten. Das Pinchgefäß ist 75 cm lang und 15 cm im Durchmesser. Die Entladungskapazität ist 75 μF groß und wird auf 12 kV aufgeladen. Die Zeit einer Entladungsperiode ist mit 20 μs vergleichbar langsam wie die frühen Pinche im Imperial College in London. Durch Messungen mit einer Framing-Kamera am Stickstoffplasma wurde für die Rayleigh-Taylor-Instabilität eine gute Übereinstimmung zwischen Theorie und Experiment festgestellt.

In der Folgezeit setzte sich in der kanadischen Gruppe der Trend zu langsameren Pinchentladungen fort; so benutzen 1970 Dimoff und Tam Entladungskreise von 53 μF/10 kV bzw. 106 μF/10 kV bei einer Entladungsfrequenz von 46 kHz bzw. 30 kHz und 1972 Roberts einen Kreis mit einer Kapazität von 1000 μF bei einer Ladespannung von 2,5 kV. Wesentliche Ziele dieser Experimente waren ähnlich wie bei Bötticher die Stoßwellenuntersuchungen. Neben spektroskopischen Mitteln wurde als Meßtechnik eine Magnetfeldgradientensonde von Tam neu entwickelt, die direkt den Strom in den konvergierenden Plasmaschichten anzeigte. Die Messungen lieferten eine gute Übereinstimmung mit einem von Roberts entwickelten resistiven Stoßwellenmodell. Roberts führte darüber hinaus interferometrische Messungen an der komprimierten Plasmasäule durch. Er verwandte Argongas bei einem Arbeitsdruck zwischen 0,05 und 1 Torr und fand maximale Elektronendichten von $2 \cdot 10^{18}$ cm^{-3} bei Temperaturen von 2—3 eV. Die axiale Elektronendichte erreicht den Maximalwert bei einem Fülldruck von 0,75 Torr Argon. Unterhalb dieses Druckes ist der Plasmarand ausgesprochen scharf ausgebildet, während er oberhalb — vermutlich wegen des Skineffekts — verschliffen erscheint. Dieses Plasmaverhalten hat sich auch bei unseren Messungen bestätigt (siehe Kap. 12). In einer Arbeit über das Zündverhalten des Plasmas fanden Preston und Curzon eine starke Abhängigkeit von der verwendeten Polarität. Dieser Effekt wird auf die Flugbahnen der Elektronen in Wandnähe zurückgeführt.

Seit 1977 werden von einer zweiten kanadischen Gruppe in Quebec [*54*] Untersuchungen an einem dichten *z*-Pinch-Plasma durchgeführt. Die Gruppe um Neufeld verwendet einen Pinch von 25 cm Länge und 22,5 cm innerem Durchmesser.

Die Energie ist in einer relativ kleinen Kondensatorbank von 8 μF Kapazität bei 23 kV Ladespannung gespeichert. Die Messungen werden bei einem Fülldruck von 3 Torr

Wasserstoff durchgeführt. Aus Transmissionsmessungen und Vermessung der H_β-Linie erhalten die Autoren eine Elektronendichte von 10^{19} cm^{-3} bei einer Temperatur von über 10 eV. Uns erscheint die Auswertung der sehr breiten H_β-Linie unglaubwürdig, da nach unserer Meinung die Autoren keine Linie, sondern das z. T. optisch dicke Kontinuum ausgemessen haben. Bei den vorgegebenen Dichten sollte die H_β-Linie schon dem Kontinuum zugerechnet werden. In einer neuen Veröffentlichung bzw. in einer Antwort auf unsere Einwände erklärte Neufeld die Messung durch eine starke Abweichung vom LTE durch Ionisationsprozesse. Bei einer Elektronendichte von 10^{19} cm^{-3} wird eine Übersetzung der unteren vier Quantenzustände im Wasserstoff angenommen. Für $n = 4$

Tabelle 3

Pinchanalysen

Gruppe	Pinch		Lade		maximale Elektronen-		Untersuchungsgegenstand	Literatur
	Länge (cm)	Durchm. (cm)	Kapazität (μF)	Spann. (kV)	Dichte (cm^{-3})	Temperatur (eV)		
MAECKER								[48]
(Erlangen)	45	38	1,030	15			Übersichtsspektren	1961,
	50	20	30	14			Plasmastabilität	1962,
	50	20	30	14			Magnetfeld, Stoßw.	1964,
	50	20	30	14	$1 \cdot 10^{19}$	2.3	Kontinuumsmess.	1966
ZWICKER								[49]
(Hannover)	50	20	40	33	$2{,}8 \cdot 10^{19}$	10	Plasmastabilität	1964
							Kontinuum-Spektr.	1965,
							Magnetfeldvert.	
							VUV-Kontinuum	1969
Imperial	50	15	19440	5 max.	$2 \cdot 10^{18}$	3	Instabilitätsanal.	[50]
College			max.	20			Stoßwelle	1960,
(London)	75	43	1		$3 \cdot 10^{16}$	5	Interferometrie	1963,
	5	2	100 kA*	600	$2 \cdot 10^{18}$	1000	Röntgenspektr.	1979
BÖTTICHER	100	18	180	35	$6 \cdot 10^{18}$	8	Stoßwellendynamik	[52]
(Kiel)	10	29	150	30			Spektroskopie	
Univ. Br.		9,2	1000	2,5	$2 \cdot 10^{18}$	3	Instabilitäten	[53]
Columbia							Interferometrie	
(Vancouver)		9,2					Stoßwellen	
NEUFELD (Quebec)	25	22,2	8	25	10^{19}	10	H_β-Linie	[54]
Univ. Kyoto	36	7,6	4–6	30	$7 \cdot 10^{18}$	2	Kontinuumsmessungen	[55]
Univ. Michigan	17	3	14	20	$4 \cdot 10^{19}$		Interferometrie	[56]
SMÅRS	4	(8)	9,6	50	10^{20}	15	Instabilitäten beim gasummantelten Pinch	[57]

* Wellenleiter

muß eine Übersetzung von mindestens einem Faktor 10 gefordert werden. Uns erscheint diese Auswertung ebenso unwahrscheinlich wie die erste, da wir in einer vergleichbaren Anlage bei einer zehnfach kleineren Elektronendichte eine Übersetzung des ($n = 2$)-Zustandes von maximal 2 gefunden haben. Diese Überbesetzung, die sich aus der Analyse der Rayleigh-Streuung an der H_α-Linie ergab (siehe Kap. 16), zerfiel wieder in weniger als 100 ns.

Der in Kyoto/Japan betriebene Pinch [55] ist verglichen mit den früher behandelten Versionen relativ klein: Der Gefäßdurchmesser beträgt 7,6 cm, die Länge 36 cm, die Kapazität 4—6 μF und die Ladespannung 30 kV. Obwohl der Pinch hauptsächlich für spektroskopische Zwecke konzipiert ist, werden einige Messungen zur Plasmadynamik durchgeführt. Ähnlich wie bei früher genannten Arbeiten wurden die Stoßwelle und der Kolben spektroskopisch und Weg-Zeit-mäßig analysiert und mit verschiedenen Stoßwellenmodellen verglichen. Die hier gewonnenen Ergebnisse sind ähnlich denen an anderen Pinchen. Zur Bestimmung der Teilchendichte und der Temperatur auf der Achse wurde das optische Kontinuum ähnlich wie bei Zwicker vermessen. Es ergeben sich maximale Temperaturen von $1{,}5 \cdot 10^4$ K und Elektronendichten von $5-7 \cdot 10^{18}$ cm^{-3}. Aus der Größe und Verschiebung der verbotenen Komponenten von Heliumlinien konnte die Dichte für Zeitpunkte nach der maximalen Kompression bestimmt werden.

Eine ebenfalls recht kleine Pinchversion wurde von der Gruppe D. R. Bach [56] an der University of Michigan gebaut. Der Pinch ist 17 cm lang und 3 cm im Durchmesser. Die Entladekapazität ist 14 μF bei einer Ladespannung von 20 kV. Die Anlage ist als eine verkleinerte Version des von Zwicker betriebenen Pinches geplant. Die holographisch bestimmte Dichteverteilung für einen Fülldruck von 1,4 Torr He zeigt eine maximale Teilchendichte $4 \cdot 10^{19}$ cm^{-3} bei einem Radius von 0,5 mm. Die Dichte in diesem Plasmafaden ist damit vergleichbar mit den von Zwicker gefundenen Werten, während der Durchmesser etwa im Verhältnis der Ausgangsdurchmesser geschrumpft ist. Die Plasmadynamik wird mit einem MHD-Modell verglichen, das den Ionisationsverlauf und die Strahlungsdynamik enthält (Duston und Duderstadt). Innerhalb der Meßgenauigkeit beschreibt die Theorie gut die komprimierte Plasmasäule. Das Pinchexperiment ist nur die eine Komponente eines Plasma-Laser-Wechselwirkungsexperimentes. Von diesen Ergebnissen wird im folgenden Abschnitt berichtet werden. Als letztes sei auf eine Entladungsart eingegangen, die als Vorläufer des gasummantelten Pinches angesehen werden kann. Bei dem von Smårs [57] untersuchten Experiment wird der eigentliche Pinchentladungsstrom einer wirbelstabilisierten Bogenentladung überlagert, die bei Atmosphärendruck brennt. Zur Erzeugung eines möglichst dünnen Entladungskanals wird der Bogen nur mit einem Strom von etwa 1 A betrieben. Die Kapazität des Pinches beträgt 9,6 μF bei einer Ladespannung von 50 kV. Die Stromanstiegsrate erreicht einen Wert von 10^{11} A/s bei einem Maximalstrom von 10^5 A. Falls der Ausgangskanal dünn genug ist, überwiegt die Magnetkraft der Hauptentladung und preßt das Plasma zusammen. Mit einer Wachstumsrate von $3 \cdot 10^7$ s^{-1} entwickelt sich dann eine spiralförmige Instabilität, die den weiteren Ablauf der Entladung unreproduzierbar macht. Bei Elektronendichten von $10^{19}-10^{20}$ cm^{-3} steigt die Plasmatemperatur auf $1{,}6 \cdot 10^5$ K an. Ist der Ausgangskanal hingegen zu groß, entwickelt sich nur eine relativ kalte, sich thermisch ausdehnende Plasmasäule.

4.3. Spezielle Messungen an dichten z-Pinch-Plasmen

Wichtige spektroskopische Untersuchungen an z-Pinch-Plasmen wurden von der Gruppe Burgess [58] am Imperial College in London durchgeführt. Für die Messungen wurden verschiedene Pinchtypen verwendet, wobei die Elektronendichte von 10^{15} cm^{-3} bis einigemal 10^{18} cm^{-3} variiert. Die ersten Untersuchungen beschäftigen sich mit der

Möglichkeit der Temperaturmessung aus der Linienverschiebung von Spektrallinien. Es wurde gezeigt, daß aus dem Verhältnis von Linienbreite d zur Verschiebung s der 4806 Å ArII-Linie die Bestimmung der Plasmatemperatur im Bereich von einigen Elektronenvolt möglich ist. Im Jahre 1971 wurde über Messungen an HeI und HeII-Linien berichtet. Während die untersuchten HeII-Linien gut mit den theoretischen Linienprofilen übereinstimmten, zeigten sich bei den verbotenen Komponenten der HeI-Linien über den Rahmen der Meßgenauigkeit hinausgehende Differenzen. Der Grund hierfür sind wahrscheinlich ionendynamische Effekte, die eingehender von EHRICH und HELBIG [59] an einem Bogenplasma untersucht wurden. An HeII-Linien wurde 1972–74 über Untersuchungen zur Plasmapolarisationsverschiebung berichtet. Die gemessenen Werte erwiesen sich als geringer als theoretisch erwartet. Der Fragenkomplex der Polarisationsverschiebung wurde kürzlich von S. VOLONTÉ [60] in einem Übersichtsartikel behandelt. Weitere Arbeiten der Gruppe BURGESS befaßten sich schließlich mit der Starkverbreiterung einiger HeII-Linien [58], wobei Vergleiche mit Theorien und anderen Experimenten durchgeführt wurden. Weiterhin untersuchten BAKER und BURGESS die Asymmetrie der ArII 4806 Å und der III 875 Å-Linien. Die beobachtete Asymmetrie wird auf einen quantenmechanischen Interferenzterm zwischen Strahlungsfeld und anregendem Elektron zurückgeführt.

Vergleichbare linienspektroskopische Untersuchungen wie die bisher behandelten wurden auch z. B. von BACON und Mitarbeitern [61] in Vancouver durchgeführt. Sie unter suchten die HeII 4684 Å-Linie und verglichen sie mit verschiedenen Theorien. Linien von ionisierten Erdalkali-Metallen wurden bezüglich der Verbreiterung und der Verschiebung von einer jugoslawischen Gruppe [62] analysiert. Sie fanden genügend gute Übereinstimmung mit der semiempirischen Theorie vom GRIEM. Die Hauptaktivität der z-Pinch-Gruppe der Universität in Kyoto/Japan [55, 63] liegt auf dem Gebiet der Vakuumultraviolettspektroskopie. Nach einigen Arbeiten zur Identifizierung von Verunreinigungslinien wird aus zeitaufgelösten Spektren die Ionisationsdynamik bestimmt. Für die Anregung hochionisierter Atomzustände wurden Stöße mit ionisiertem Helium als wichtig angenommen. Ein wesentliches Ergebnis der Untersuchungen ist, daß die Pinchentladung zur induzierten Lichtverstärkung geeignet ist. Es wird Lasertätigkeit bei einer Reihe von OII–OV, SiIII, SV, und CIII-Linien im sichtbaren und quarzultravioletten Spektralgebiet beobachtet. Eine ähnliche Lasertätigkeit wurde von anderen Gruppen [64, 65] für das Füllgas Argon gefunden.

Zur Bestimmung der Elektronendichte in den z-Pinch-Plasmen sind eine Reihe interessanter Interferometer [66] entwickelt worden. Diese Interferometer zeichnen sich insbesondere durch eine hohe Zeitauflösung aus; z. T. sind auch UV-Interferometer gebaut worden, um die optische Dicke des Plasmas gering zu halten. Eine weitere Möglichkeit zur Dichtebestimmung liefern Laserstreulichtexperimente [67]. Neben diesem Ziel ist bei den meisten Streulichtmessungen das Hauptaugenmerk darauf gerichtet, Turbulenzen im Plasma zu untersuchen, die dann erwartet werden, wenn die Driftgeschwindigkeit zwischen den stromführenden Elektronen und den Ionen größer wird als die Ionenschallgeschwindigkeit. Bei den Untersuchungen von RÖHR wurden neben dem Thomsonstreuspektrum auch Rayleigh-Streulicht gefunden, das wegen der Anregung des ($n = 2$)-Zustandes im H-Atom verstärkt sichtbar wird. Als weitere Möglichkeit zur Bestimmung der Elektronendichte und der Plasmatemperatur wurden kombinierte Transmissionsmessungen bei einer Spektrallinie und für eine Kontinuumswellenlänge durchgeführt [68]. An theoretischen Rechnungen ist in diesem Zusammenhang die Bestimmung des Strahlungsverlustes eines heißen dichten z-Pinch-Plasmas [69] sowie die Abschätzung der Faradayrotation zur Messung des Magnetfeldes zu erwähnen.

Ein wichtiges Gebiet der modernen Plasmaphysik ist die Untersuchung der Wechselwirkung zwischen Plasma und intensivem Laserlicht. In den meisten Fällen wird der Einfachheit halber das von Festkörpern durch den Laserstrahl ablatierte Plasma zur

Analyse herangezogen. Für spezielle Untersuchungen ist es jedoch von Vorteil, ein wohldefiniertes, relativ homogenes Ausgangsplasma zu haben. Da in den meisten Fällen für die Laserplasmawechselwirkung vergleichsweise hohe Teilchendichten gefordert werden, stellt der z-Pinch neben einigen anderen Aufbauten eine geeignete Plasmaquelle dar. An dieser Stelle soll nur über Experimente berichtet werden, bei denen das Targetplasma durch einen z-Pinch erzeugt wurde. Als Laser wurden bei diesen Aufbauten durchweg CO_2-Laser verwendet. Erste gutanalysierte Brillouinrückstreuversuche wurden 1975 von Turechek und Chen [*71*] im unterdichten Plasma durchgeführt. Da die Plasmadichte vergleichsweise gering gehalten wurde, konnte aus der Größe der verbotenen Komponente der He 6678 Å-Linie die elektrische Feldstärke mit Wechselwirkungsbereich bestimmt werden. M. J. Forrest und Mitarbeiter [*72*] bestrahlten einen Plasmafocus mit intensiver CO_2-Laserstrahlung. Zur Analyse der beim parametrischen Prozeß angeregten elektrostatischen Plasmawellen wurde die Wechselwirkungszone durch Lichtstreuung mit einem Rubinlaser analysiert. Die beobachtete Sättigung der parametrischen Instabilität, die nach 0,06 ns erreicht wird, ist durch konvektive Prozesse

Tabelle 4

Spezielle Untersuchungen an dichten Plasmen

Gruppe	Elektronen		Untersuchungsgegenstand	Literatur
	Dichte (cm^{-3})	Temperatur (eV)		
Burgess	$5 \cdot 10^{16} - 2 \cdot 10^{18}$	2–4	d/w: ArII 4806 Å	[*58*] 1965, 1969
Imp. Coll. London	10^{16}	2–4	HeII 3203 Å, HeI 3965 Å, HeI 2945 Å, HeI 4471 Å	(Jenkins) 1971
	$3 \cdot 10^{14} - 10^{15}$	1	HeI 4471 Å, HeI 4921 Å	(Cairns) 1971
	$1{,}4 \cdot 10^{17}$		8 HeII Reson. Linien, Polaris. Versch.	1974
	$5 \cdot 10^{16} - 2 \cdot 10^{17}$	3,5	HeII 304 Å Linienbreite	1974
	$2 \cdot 10^{18}$	2,5	ArII 4804 Å, ArIII 875 Å, Asymmetrie	1977
	10^{17}	4	HeII 304 Å, HeII 1215 Å, HeII 1640 Å Linienbr.	1978
Univ. Vanc.	$5 \cdot 10^{16} - 2{,}3 \cdot 10^{17}$	4	HeII 4686 Å Linienbreite	[*61*]
Univ. Belgr.	$3 \cdot 10^{16} - 10^{17}$	2,5–3	Breite u. Versch. v. einf. ion. Erdalkali	[*62*]
Univ. Kyoto	10^{18}	2	OII, OIII, OIV, OV Laserlinien	[*63*] 1973
			VUV Linienidentifizierung	1974–1976
			VUV Verunreinigungslin., Zeitdynamik	1977
Verschiedene Gruppen			Verschiedene Laserlinien	[*64, 65*]
			Interferometer	[*66*]
			Lichtstreuung/Turbulenz	[*67*]
			Faradaydrehung	[*70*]
			CO_2-Laser-Plasma-Wechselwirkung	
Los Angeles	$5 \cdot 10^{16}$	6	Brillouin-Rückstreuung, $\langle E^2_{eff} \rangle$	[*71*]
Culham	10^{19}	2000	Lichtstreuung an Turbulenzen	[*72*]
Imp. College	$8 \cdot 10^{16}$	5	Anomale Wärmeleitung	[*73*]
Vancouver	$1{,}2 \cdot 10^{18}$	40	Plasmaheizung	[*75*]
Univ. Mich.	$4 \cdot 10^{19}$		Ponderomot. Kraft-Lasertransmission	[*76*]

bestimmt. Die Frage, ob die Wärmeleitung bei Laserplasmen klassisch verläuft oder anomal gehemmt ist, wird gegenwärtig kontrovers diskutiert. Einen experimentellen Beitrag zu diesem Thema liefern WHITE und Mitarbeiter [*73*] vom Imperial College in London. Sie finden eine stark gehemmte Wärmeleitung. Da diese Aussagen jedoch nur durch Vergleich der experimentellen Resultate mit MHD-Theorien gewonnen werden können, bleibt möglicherweise die Frage, ob auch alle relevanten Prozesse in der Rechnung berücksichtigt wurden [*74*]. Die Aufheizung von Plasmen unterhalb der cut-off-Dichte für CO_2-Strahlung ($N_e \approx 10^{19}\,\mathrm{cm}^{-3}$) wurde von J. MEYER und Mitarbeitern [*75*] in Vancouver studiert. Mit Lichtstreumessungen wurden Temperaturerhöhungen bis zu 200 eV festgestellt. Zur Wirkung der ponderomotorischen Kraft auf ein überdichtes Plasma wurde an der Universität von Michigan [*56*, *76*] ein Laser auf die Pinchsäule fokussiert. Die ponderomotorische Kraft führt nach neuen Rechnungen zu einer starken Aufsteilung der Pelletkorona. Am Pinchplasma wurde gefunden, daß diese Kraft auch eine stark seitwärts gerichtete Komponente besitzt, die das Plasma auseinander drückt. Bei genügend hoher Laserleistung kann daher auch eine Transmission des CO_2-Lichtes durch anfänglich überdichtes Plasma gemessen werden.

5. Aufbau der z-Pinch Experimente (A, B und C)

Für die von uns an dichten Plasmen ausgeführten Messungen standen drei verschiedene z-Pinch-Aufbauten zur Verfügung: Ein Pinch (A) davon wurde vom Verfasser selbst konzipiert, aufgebaut und betreut, eine kleinere Version (B) wurde in enger Anlehnung an das erste Experiment von S. MAURMANN errichtet, und das dritte Experiment (C) schließlich wurde in Los Alamos (USA) von L. JONES in Betrieb genommen. Die meisten Messungen des Verfassers wurden an der Anlage A durchgeführt. Daneben wurden an den Bochumer Aufbauten im Rahmen von Dissertationen Untersuchungen im vakuumultravioletten Spektralbereich und zur Rayleigh Streuung vorgenommen. Da die einzelnen Teilergebnisse aber nicht unabhängig voneinander sind, werden sie in dieser Arbeit kurz aufgeführt.

Das Entladungsgefäß des Aufbaus A besitzt einen Innendurchmesser von 18 cm und einen Elektrodenabstand von 50 cm. In der Mittelebene sind vier bzw. acht Beobachtungsstutzen angebracht. Das Entladungsgefäß wird eng von einem Stromrückleiter umgeben, der in der Nähe der Beobachtungsstutzen isoliert ist. Rückleiter und obere Elektrode führen zu einem Stromkollektorplattenpaar, das den Entladungsstrom symmetrisch dem Pinch zuführt. Die elektrische Energie wird in 9 Kondensatoren à 4,5 μF, gespeichert, die jeweils mit einer Funkenstrecke verbunden sind. Die maximale Ladespannung der Kondensatoren beträgt 40 kV, so daß eine Energie von 32 kJ gespeichert werden kann. Zur Schonung der Kondensatorbatterie wird meist jedoch bei einer Ladespannung von 32 kV gearbeitet. Die Reproduzierbarkeit des Pinchplasmas kann durch eine Vorionisierungsentladung vor der Hauptentladung verbessert werden.

Vor jeder Entladung wird der Rezipient auf 10^{-5} Torr evakuiert. Das Arbeitsgas, Wasserstoff oder Helium, wird jeweils neu eingefüllt. Der Druck variiert bei den Untersuchungen zwischen 0,2 Torr und 5 Torr. Für spezielle spektroskopische Untersuchungen können dem Trägergas Zusätze von Fremdgasen im Prozentbereich beigemischt werden. Von der Dimensionierung des elektrischen Kreises und des Entladungsgefäßes her ist die Anlage am ehesten den Aufbauten der Gruppe ZWICKER [*49*] vergleichbar.

Das Experiment B besitzt die gleichen geometrischen Abmessungen wie der Aufbau A. Da für die hieran durchgeführten Untersuchungen die Plasmatemperatur und -dichte niedriger bleiben sollten als im Experiment A, wurde die Ladekapazität kleiner gewählt. Sie beträgt 6 μF bei einer Ladespannung von 40 kV. Dieser Aufbau kommt den Pinchanlagen in Quebec [*54*] und in Kyoto [*55*] am nächsten.

Die Energieversorgung des Aufbaus C wird von 12 parallel geschalteten sechsstufigen Marxgeneratoren gebildet. Die Kapazität einer Marxstufe beträgt 0,2 μF und kann auf maximal 100 kV aufgeladen werden. Die Gesamtkapazität beträgt also 0,4 μF bei einer Arbeitsspannung von 600 kV. Wegen der hohen Entladespannung ist dieser Teil des Aufbaus in einem Öltank untergebracht. Nach Zündung der Funkenstrecken wird die elektrische Energie in einen Wasserkondensator eingespeist. Dieser Wellenleiter besteht aus 5 Platten, die einen charakteristischen Widerstand von 1 Ohm besitzt; die Wellenlaufzeit der Einheit beträgt 90 ns. Der Abstand der Elektroden im Entladungsraum ist geringer als der bei anderen Experimentaufbauten; er mißt nur 10 cm. Dahingegen ist der Entladungsgefäßdurchmesser mit 60 cm größer als in A und B. In dem vorgegebenen Experiment ist der große Durchmesser aus Isolationsgründen notwendig. Der Fülldruck ist mit 3 atm bei diesem Pinchtyp erheblich höher als bei „normalen" z-Pinchen. Die Entladung beginnt auch nicht wie gewöhnlich an der Gefäßwand, sondern auf der Achse. Um den Entladungskanal reproduzierbar festzulegen, wird auf der Achse ein Faden von wenigen 10 μm Durchmesser mit einem Neodymlaserstrahl schwach und homogen vorionisiert. Zur Erzielung einer hohen Stromanstiegsrate zu Entladungsbeginn wird der Laserstrahl erst kurz vor Eigenzündung des Plasmas injiziert. Der dünne Plasmafaden kann sich auch bei großen Stromanstiegsraten nur gering zusammenziehen. Das Hauptziel des Experimentes ist die Untersuchung der Aufheizung und Stabilität eines derartigen gasummantelten Pinches sowie der Vergleich mit MHD-Computersimulationsrechnungen.

6. Meßmethoden

Die durchgeführten Messungen lassen sich grob unterteilen in solche, die notwendig sind, Plasmaparameter zu bestimmen, und solche, die aus dem vorgegebenen Plasma zu neuen Forschungsergebnissen führen. Zu der ersten Gruppe gehören Schlierenmessungen, die die geometrischen Abmessungen des Plasmas wiedergeben, sowie Kontinuums- und Transmissionsmessungen, aus denen die Elektronendichte und -temperatur gewonnen werden. Ebenfalls zu dieser Klasse gehören Sondenmessungen, die die Magnetfeldverteilung als Funktion des Radius und der Zeit widerspiegeln. Neben der Verwendung von Induktionsspulen wurde das Magnetfeld ebenfalls über den Zeemaneffekt und aus der Faradayrotation abgeleitet. Zur zweiten Gruppe gehören die Kontinuumsmessungen im infraroten Spektralgebiet sowie die Spektrallinienuntersuchungen. Der Übersichtlichkeit halber ist in den Überschriften der folgenden Abschnitte das oder die Experimente A, B oder C in Klammer aufgeführt, auf die sich die Messungen beziehen.

7.1. Schlierenmessungen

(Experiment A)

Die Technik der Schlierenmessungen wurde bei den Experimenten A [77] und C [78] angewendet. Als Hintergrundstrahler dient ein Rubinlaser mit 20 ns Leuchtdauer, der Teil des Lichtes, der an den Dichteinhomogenitäten des Plasmas abgelenkt wird, erzeugt ein Bild des Plasmas auf einer photographischen Platte.

Die Ergebnisse der Schlierenmessungen sind in den Bildern 1 und 2 zusammengefaßt. Bild 1 gibt die Zeitentwicklung des Pinchplasmas im Experiment A für einen Fülldruck von 0,25 Torr H_2 wieder. Bild 1 repräsentiert den Beginn der dichten Phase: Symmetrisch zur Pinchachse sind zwei helle Streifen sichtbar, die die Stellen des stärksten Dichtegradienten, also hier den Plasmarand, widerspiegeln. Wenige 10 ns später entstehen längs der makroskopisch stabilen Säule longitudinale Instabilitäten (1), die sich

Schlierenbild - 0,25 Torr H_2

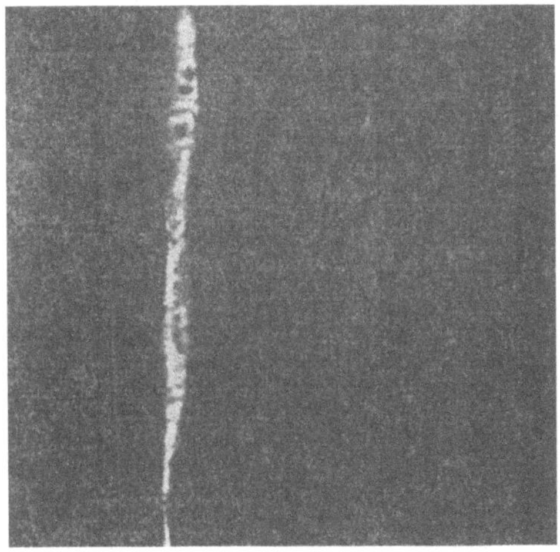

1 cm

50 ns vor max. Kompression

Bild 1a

Schlierenbild - 0,25 Torr H_2

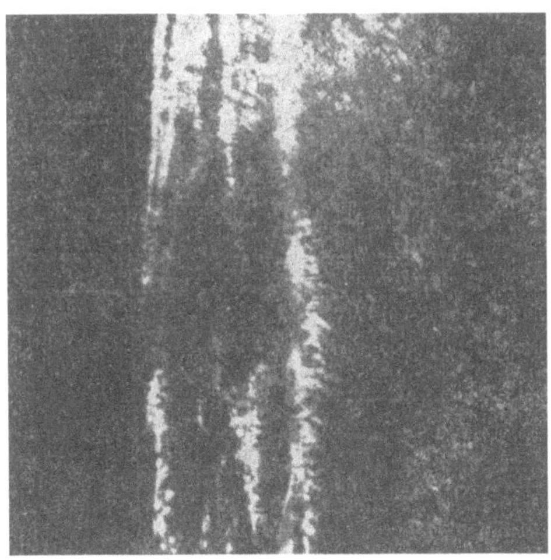

1 cm

25 ns vor max. Kompression

Bild 1b

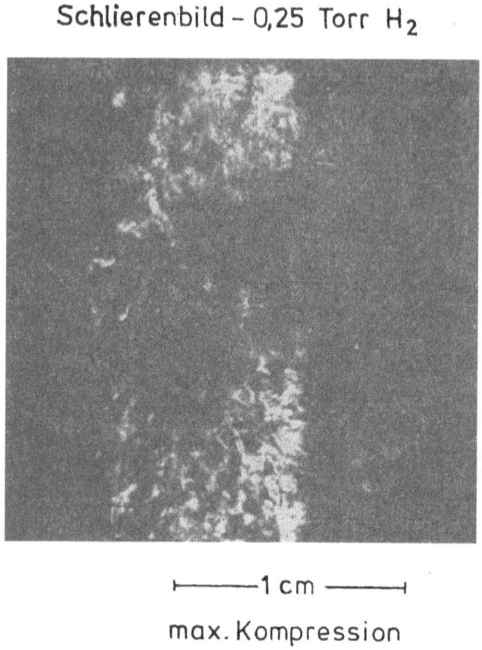

Bild 1c

Bild 1a–c. Zeitliche Sequenz von Schlierenaufnahmen zwischen Beginn der dichten Formationsphase und maximaler Kompression; Arbeitsgas 0,25 Torr H_2 (A)*)

*) In Klammern sind die Experimente aufgeführt, auf die sich die Bilder beziehen.

Bild 2. Beispiel einer Kinkinstabilität (A)

innerhalb kurzer Zeit zu dreidimensionalen Zellen weiterentwickeln (1). Die Zeitspanne zwischen dem Beginn der dichten Phase (1) und dem Zeitpunkt der maximalen Kompression (1) beträgt bei diesem geringen Fülldruck nur etwa 50 ns. Bei hohen Fülldrucken steigt die Formationszeit auf etwa 200 ns an. Obwohl das Innere des Plasmas von kleinskaligen Instabilitäten durchsetzt ist, bleibt die Plasmasäule bis zum Zeitpunkt der maximalen Kompression makroskopisch stabil; danach zerfließt sie unregelmäßig. Dieses makroskopische Stabilitätsverhalten ist aus der Rayleigh-Taylor-Instabilität zu erwarten. Hiernach ist eine auf die Achse kollabierende Plasmasäule stabil, während eine Säule instabil ist, die gegen eine leichte Flüssigkeit (hier das Magnetfeld) beschleunigt wird. Der Mechanismus der internen Instabilitäten ist noch nicht bekannt. Eine theoretische Erklärung dafür wäre eine thermisch-resistive Instabilität wie von M. G. HAINES [*79*] berechnet. Für diese Erklärung spricht, daß die Instabilität longitudinal parallel zu der Stromschicht beginnt. Die Instabilität wird gemäß der Modellvorstellung in der Anfangsphase der Entladung dem Plasma aufgeprägt, wenn das Plasma noch mit der Wand in Berührung ist. Verwendet man zu diesem Zeitpunkt als Anfangsbedingung eine Elektronendichte von

$$N_e = N_0 \quad (0{,}5 \text{ Torr } H_2) = 3 \cdot 5 \cdot 10^{16}\ \text{cm}^{-3},$$

eine Elektronentemperatur von $T_{e0} = 10^4$ K und eine Ionentemperatur von $T_{i0} \approx 2/3\, T_{e0}$, so findet man eine Anwachsrate der Instabilität von $\alpha = 10^7\ \text{s}^{-1}$. Dieser Wert ist mit den Beobachtungen durchaus vereinbar. Die zugehörige Wellenlänge der Instabilität beträgt etwa nur 1 mm. Diese Größe erscheint jedoch für den experimentellen Befund als zu gering, da berücksichtigt werden muß, daß die am Rande aufgeprägte Struktur entsprechend dem schrumpfenden Säulendurchmesser verkleinert wird. Die Beobachtungen würden sich leichter durch die von HAINES angegebenen Gleichungen deuten lassen, wenn man sie zum Kollapszeitpunkt anwendet. Es ist möglich, daß zu diesem Zeitpunkt eine gegenüber der Hainesschen Vorstellung modifizierte thermische Instabilität auftritt. Wie weiter unten gezeigt wird (Kap. 12) besitzen die Ionen zu diesem Zeitpunkt eine höhere thermische Energie als die Elektronen. Daher ist die Elektronentemperatur im wesentlichen durch den Energieübertrag von den Ionen bestimmt. Eine lokal zufällig erhöhte Aufheizung der Elektronen führt zu einer Erhöhung der elektrischen Leitfähigkeit und damit zu einer Erhöhung der Stromdichte. Dies wiederum führt zu einer Plasmakompression infolge der Verstärkung des Magnetfelddruckes und weiterhin zu einer Erhöhung des Energieübertrages durch Stöße von den Ionen zu den Elektronen. Damit wäre der die Instabilität anfachende Prozeß geschlossen. Unseres Wissens nach ist eine derartige modifizierte thermische Instabilität theoretisch noch nicht behandelt, so daß die Ergebnisse nicht mit dem Experiment hier verglichen werden können.

Neben dieser thermischen Instabilität kommen aber auch interene Kinkinstabilitäten [*36*–*38*] in Frage. Da nach diesen Theorien eine Verbiegung der stromführenden Schicht senkrecht zur Stromrichtung auftritt, ist es wahrscheinlich, daß die Instabilität nach Aufspaltung der Strombahn in longitudinalen Fäden eine dominierende Rolle spielt. Die Wellenlänge der Instabilität ist von der Größenordnung des Stromfadendurchmessers und die Auslenkgeschwindigkeit entspricht der Alfvéngeschwindigkeit. Die beobachtete Entwicklung von den longitudinalen Strukturen zur dreidimensionalen Turbulenz entspricht in den wesentlichen Zügen diesem Bild.

Obwohl die kollabierende Plasmasäule normalerweise stabil ist, konnten in wenigen Ausnahmefällen makroskopische Instabilitäten beobachtet werden. Ein Beispiel hierfür gibt Bild 2 für einen Fülldruck von 0,5 Torr H_2.

Bei Variation des Fülldruckes und des Arbeitsgases bleiben die Ergebnisse soweit beobachtbar qualitativ ähnlich. Wie bereits erwähnt, verlängert sich bei hohen Dichten die Plasmaformationszeit auf etwa 200 ns. Der Plasmadurchmesser nimmt ebenfalls mit steigendem Fülldruck schwach zu. Er wächst bei Wasserstoff von etwa 8 mm bei 0,25 Torr auf 2 cm bei 5 Torr. Bei Helium ist der Plasmadurchmesser bei gleichen Fülldrücken etwa 1/3–1/4 kleiner als bei Wasserstoff. Übersteigt der Arbeitsdruck 1 Torr, so wird das Plasma für sichtbare Kontinuumsstrahlung optisch dick, so daß innere Strukturen des Plasmas nicht mehr beobachtet werden können.

7.2. Schlierenmessungen

(Experiment C)

Der Schlierenaufbau des Experimentes C ist im Vergleich zu A leicht modifiziert, indem der Strahlstop durch eine Blende ersetzt wurde, die das unabgelenkte Licht passieren läßt und das abgelenkte Licht abblockt. Damit sind die Negativbilder des Experimentes C mit den Positiven von A vergleichbar.
Als Lichtquelle wurde auch in diesem Fall ein Rubinlaser verwendet. Für die meisten Meßreihen wurde der Lichtpuls elektrooptisch auf 3 ns verkürzt, um auch rasche Veränderungen des Plasmas mit guter Zeitauflösung zu registrieren. Zur Analyse der opti-

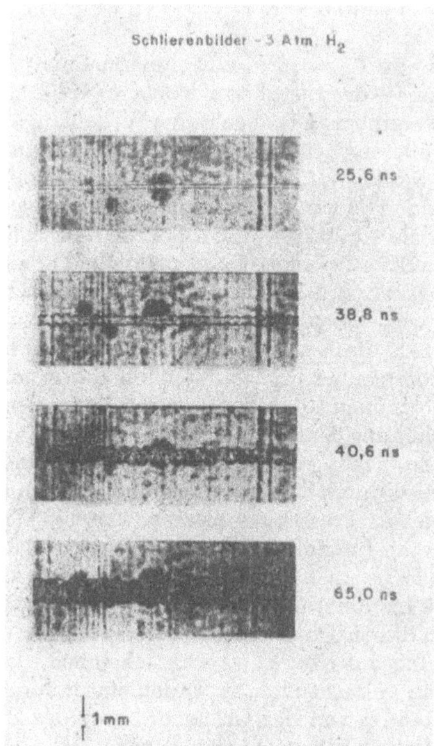

Bild 3. Zeitliche Sequenz von Schlierenbildern für die Arbeitsbedingung 3 atm H_2 (C)

schen Dicke des Plasmas wurde der Laserstrahl für einige Untersuchungen frequenzverdoppelt. Aus Lichtmangel konnte hierbei der Puls nicht zeitlich eingeengt werden.
Im Experiment C wird nach den Schlierenaufnahmen zunächst ein nur wenige µm dicker homogener Entladungskanal beobachtet (Bilder 3, 4, 5), in dem sich ebenfalls ähnlich wie in Experiment A innerhalb weniger Nanosekunden longitudinale Dichtemodulationen entwickeln. Beim Arbeitsgas Wasserstoff (Bild 3) gehen nach etwa 30 ns die longitudinalen Strukturen in eine spiralförmige Verformung der gesamten Plasmasäule über. Derartige spiralförmige Instabilitäten wurden auch schon früher bei Smårs [57] beobachtet.

Bei Verwendung von Helium (Bild 4) als Arbeitsgas bleibt die Einhüllende des Plasmas bis zum ersten Strommaximum gut zylindrisch. Innerhalb des Plasmas entwickelt sich aus der longitudinalen Instabilität eine dreidimensionale Störung mit einer Wellenlänge von etwa dem Säulendurchmesser. Die Glättung der Plasmainstabilität zum Rand hin scheint mit der Emission einer Stoßwelle ins umgebende Gas verbunden zu sein. Wahrscheinlich sind die beobachteten Instabilitäten interne Klinkmoden, deren Wellenlänge theoretisch von der Größenordnung des Plasmaradius ist. Als Ursache kann aber auch hier die thermisch-resistive Instabilität nach Haines in Frage kommen. Verwendet

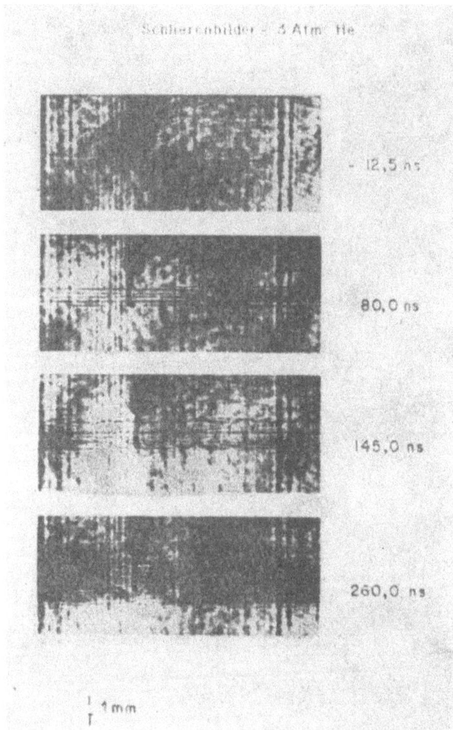

Bild 4. Zeitliche Sequenz von Schlierenbildern für die Arbeitsbedingung 3 atm He (C)

man hier für die Hainessche Theorie als Anfangswerte eine Elektronendichte von $N_{e0} = N_0$ (3 atm H_2) $= 1{,}6 \cdot 10^{20}$ cm^{-3} bei einer Elektronentemperatur von $5 \cdot 10^5$ K, wie sie gemäß den Röntgenmessungen recht früh nach Entladungsbeginn erreicht wird (Kap. 14.2), so ergeben sich Anwachsraten von mehr als $10^9 \cdot s^{-1}$ bei typischen Wellenlängen von etwa 0,1 mm. Insbesondere für das Arbeitsgas Helium liegt es nahe, daß die thermische Instabilität die Anfangsphase der Entladung bestimmt.

Für das Arbeitsgas Stickstoff (Bild 5) ist das Plasma schon kurz nach der Zündung nicht mehr transparent, so daß nur noch die äußere Kontur beobachtet werden kann. Die Plasmasäule ist stabiler als bei Helium. Makroskopische Instabilitäten setzen erst zur Zeit des Strommaximums ein, also etwa nach 150—200 ns. Ob hier innere Instabilitäten vorhanden sind, kann aus diesen Messungen nicht abgeschätzt werden.

Beim Übergang von frühen zu späten Zeitpunkten der Entladung sowie beim Wechsel der Arbeitsgase von Wasserstoff zu Stickstoff verringert sich systematisch die Transparenz der Plasmasäule. Dieser Effekt kann entweder darauf beruhen, daß die optische Dicke des Plasmas zunehmend größer wird oder daß das einfallende Laserlicht soweit abgelenkt wird, daß es nicht mehr auf die abbildende Linse fällt. Eine Entscheidung, welcher Effekt dabei dominiert, kann durch eine kombinierte Auswertung von Schlierenaufnahmen und Kontinuumsmessungen erfolgen. Es ist dabei nützlich, die Schlierenaufnahmen auch bei anderen Wellenlängen als der Rubinlaserwellenlänge durchzuführen. Die Schlierenbilder wurden daher mit dem frequenzverdoppelten Rubinlaserlicht aufgenommen. Obwohl die optische Dicke des Plasmas als auch der Strahlablenk-

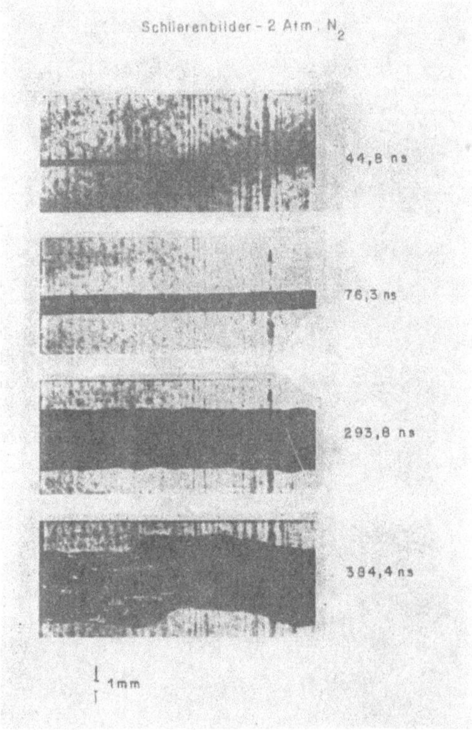

Bild 5. Zeitliche Sequenz von Schlierenbildern für die Arbeitsbedingung 2 atm N_2 (C)

winkel des Lasers beim Übergang zum frequenzverdoppelten Licht um einen Faktor vier verringert wird, bleiben die Schlierenaufnahmen doch ähnlich denjenigen bei $\lambda_0 = 6943$ Å. Insbesondere bleiben die Transmissionseigenschaften für die verschiedenen Gase erhalten. Aus den später behandelten Kontinuumsmessungen folgt, daß das Plasma für Wellenlängen $\lambda \lesssim 7000$ Å optisch dünn ist. Damit kann die Reduktion der Transmission bei $\lambda = \lambda_0/2$ nur durch Lichtablenkung an der Plasmasäule gedeutet werden und nicht durch die zunächst naheliegende Möglichkeit einer hohen optischen Dicke. Da beide Effekte in gleicher Weise mit der Lichtfrequenz skalieren, ist anzunehmen, daß der Einfluß der optischen Dicke auch bei der Grundfrequenz des Lasers vernachlässigbar ist.

Für einen Vergleich des Pinchplasmas mit den Ergebnissen von numerischen MHD-Rechnungen ist die Ausdehnungsgeschwindigkeit der Plasmasäule von Interesse. Theoretisch sollte bei genügend großer Stromanstiegsrate das Plasma zunächst sich zusammenziehen und dann expandieren. Aus einer zeitlichen Sequenz der Schlierenaufnahmen kann die Ausdehnungsgeschwindigkeit der äußeren Plasmabegrenzung abgeleitet werden. Die Messungen ergeben, wie Bild 6 zeigt, daß der Säulendurchmesser sich praktisch mit konstanter Geschwindigkeit vergrößert. Die Radialgeschwindigkeit ist bei Wasserstoff etwas höher als bei den anderen Gasen. Ein detaillierterer Vergleich zwischen den experimentellen Ergebnissen und den Resultaten einer auf das Experiment bezogenen MHD-Simulationsrechnung wird später (Kap. 14) wieder aufgenommen.

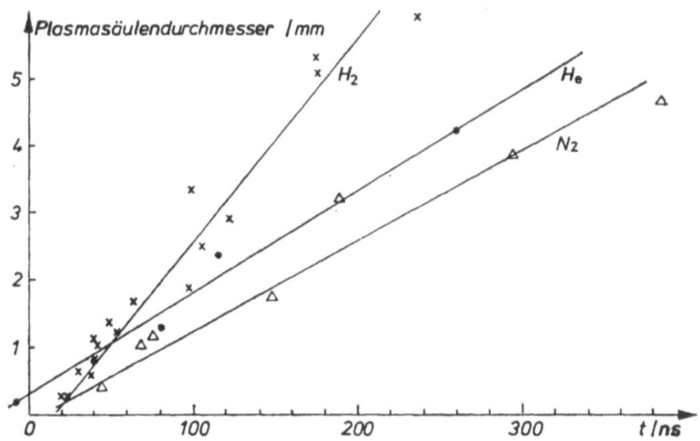

Bild 6. Ausdehnung der gasummantelten Plasmasäule für H_2, He und N_2 (C)

8. Quantitative Lichtablenkungsmessungen und Interferogramme

(Experiment A und C)

Die Teilchendichte des Plasmas läßt sich für symmetrische Plasmen relativ genau aus der Lichtablenkung an Plasmen oder aus Interferogrammen bestimmen. Beide Methoden fußen darauf, daß der Brechungsindex n des Plasmas von der Teilchendichte abhängt,

$$n(r) = [1 - \omega_p^2(r)/\omega_L^2]^{1/2},$$

hierbei bedeuten $\omega_p^2 = N_e e^2/m\varepsilon_0$ die Plasmafrequenz und ω_L die Kreisfrequenz der betrachteten Lichtquelle. Für die Lichtablenkungsmethoden wird davon ausgegangen, daß der Ablenkungswinkel eines einfallenden Strahles proportional zu $[1/n(r)]\,[dn(r)/dr]$ ist; für die Interferometrie berechnet man aus der Brechungsindexänderung eine Phasenverschiebung der Lichtwelle zu $\Delta\psi = \big(1 - n(r)\big) \cdot L/\lambda \sim N_e \cdot \lambda$ für $\omega_p \ll \omega_L$. Verwendet man zur Beleuchtung etwa einen kurz gepulsten Rubinlaser, so kann bei voller Ausleuchtung des Plasmas die Teilchendichteverteilung zeitaufgelöst nach beiden Methoden gewonnen werden. Im Experiment A in Bochum wurden beide Versuchsaufbauten erprobt, im Experiment C in Los Alamos nur die Interferometrie. Die interferometrische Methode wurde in beiden Fällen als Doppelbelichtungsholographie [*80*] durchgeführt. Es zeigte sich jedoch, daß die interne Plasmaturbulenz eine sinnvolle Auswertung der Dichteverteilung unmöglich machte. Nur bei sehr kleinen Fülldrucken und frühen Zeiten beim Experiment A und ebenfalls nur zu frühen Entladungszeitpunkten in C konnte eine sinnvolle Dichteverteilung gefunden werden.
Der Aufbau zur Lichtablenkungsmessung ist in Bild 7 wiedergegeben. Hierbei bestrahlt ein Rubinlaser einen Spalt von 0,4 mm Dicke, der um 45° gegen die Pinchachse geneigt ist. Das Laserlicht wird nach Durchgang durch ein Interferenzfilter auf einen Film in 45 cm Entfernung registriert. Falls kein Plasma vorhanden ist, ergibt sich auf der Auf-

nahme nur ein gerader Streifen mit der Spaltneigung. Bei Anwesenheit von Plasma wird der Streifen verbogen. Der Ablenkwinkel kann hierbei aus der horizontalen Verschiebung gefunden werden und der zugehörige Radius aus der vertikalen. Eine Auswertung einer derartigen Aufnahme zu dem Zeitpunkt, bei dem das Plasma nur die

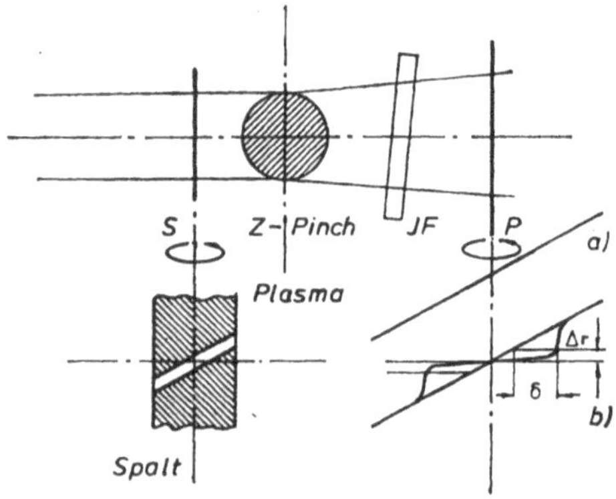

Bild 7. Aufbau zur quantitativen Ausmessung der Lichtablenkung an der Plasmasäule (A)

beiden Streifen (Bild 1) als Plasmarand bei der Schlierenaufnahme erzeugt, ist in Bild 8 wiedergegeben. Zu diesem frühen Entladungszeitpunkt erscheint das Plasma als Hohlzylinder mit einer maximalen Teilchendichte von etwa 10^{19} cm^{-3}. In der folgenden Zeitentwicklung wird der Hohlzylinder weiter aufgefüllt. Ähnliche Hohlstrukturen bei der dynamischen Pinchentladung sind schon früher beobachtet worden (Roberts [*53*]). Auch unsere spätere Messungen bestätigen dieses Ergebnis.

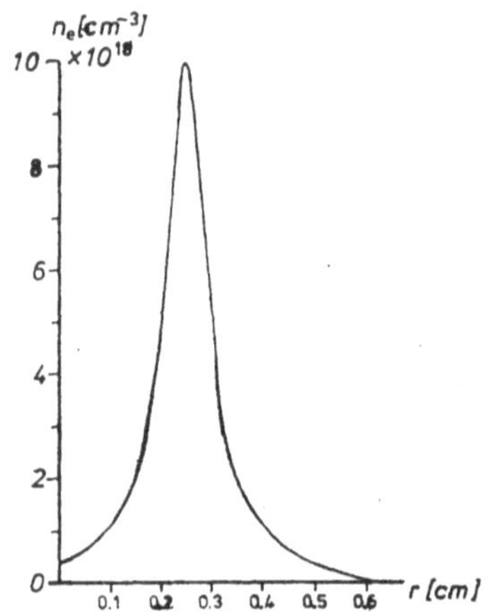

Bild 8. Dichteverteilung zu Beginn der dichten Formationsphase (A)

Ein Beispiel für die Doppelbelichtungsholographiemethode ist in Bild 9 für das Experiment C wiedergegeben. Zur eindeutigen Bestimmung des Phasenwinkelvorzeichens der Lichtverschiebung ist dem Interferogramm ein Hintergrundstreifenmuster überlagert. Ein derartiges Muster kann man zum Beispiel erhalten, indem man nach der ersten Hologrammaufnahme einen der Ablenkspiegel ein wenig kippt. Das Bild, das mit einem elektrooptisch auf 3 ns verkürzten Laserpuls aufgenommen wurde, zeigt im zentralen Teil der Entladung wie erwartet die turbulenten Plasmastrukturen. Eine sinnvolle Dichtebestimmung aus diesen Bildern erscheint unmöglich. Ebenso interessant wie der zentrale Teil der Entladung ist die Randschicht. Hier ist offensichtlich der Phasenwinkel des Interferogramms demjenigen im Plasma entgegengesetzt. Da im vollionisierten Plasma der Brechungsindex immer kleiner als eins ist, muß der Lichtstrahl in der Randschicht durch ein verdichtetes neutrales Gas mit $n > 1$ gelaufen sein. Die plausibelste Erklärung für diese dichtere neutrale Gaszone ist, daß die zentrale Plasmasäule durch die ohmschen Verluste des Stromes stark aufgeheizt wird und daher versucht zu expandieren. Das Plasma wirkt also auf das umgebende Gas wie ein Kolben und erzeugt dort eine Stoßwelle, die als Dichteüberhöhung sichtbar wird.

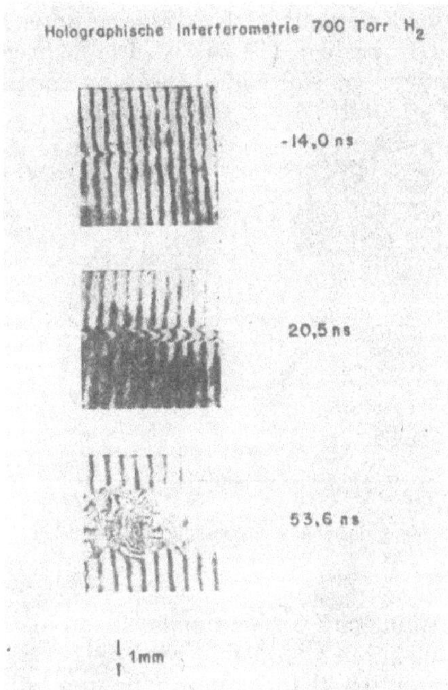

Bild 9. Holographische Interferogramme des gasummantelten Pinchplasmas für 1 atm H_2 (C)

9. Kontinuumslichtmessungen

(Experiment A)

Die Absolutmessung der Kontinuumsemission ist eine der sichersten Methoden zur Bestimmung der fundamentalen Plasmaparameter Elektronendichte und Elektronentemperatur bei dichten und vergleichsweise kalten Plasmen. Die spektrale Verteilung der Kontinuumsemission ist als Prinzipbild in Bild 10 dargestellt. Bei kurzen Wellenlängen (Bereich 1 in Bild 10) folgt die Lichtemission $I_\lambda d\lambda$ einem Exponentialgesetz $I_\lambda d\lambda \sim \exp(-hc/\lambda kT)$. Die relative Vermessung dieses Kurvenastes liefert die Plasmatemperatur. Für die von uns behandelten Pinche liegt mit Ausnahme des Pinches C dieser Emissionsbereich im mittleren Vakuumultraviolettbereich, in dem eine Kalibrierung des Spektrometers schwierig ist. Die maximale Kontinuumsemission (Bereich 2) wird bei der Bedingung $hc/\lambda = 2kT$ erreicht. Zu längeren Wellenlängen hin (Bereich 3) fällt die Emission etwa wie $1/\lambda^2$ ab. Bei bekannter Temperatur kann aus dem Absolutwert der emittierten Strahlung recht präzise die Elektronendichte bestimmt werden. Im Be-

reich der optisch dünnen Plasmastrahlung können Stufen beobachtet werden, die daher rühren, daß die frei-gebunden Strahlung für höhere Energiewerte hc/λ auftreten kann, als es der Energiedifferenz zwischen einem gebundenen Niveau und der Ionisationsenergie entspricht. Die Höhe dieser Sprünge hängt wesentlich von der Elektronentemperatur ab, ihre spektrale Lage hauptsächlich von der Atomart. Bei den hohen Teilchendichten, wie sie in den hier behandelten Anlagen vorkommen, muß jedoch auch berücksichtigt werden, daß die Ionisationsenergie der Atome im ‚Bad' des dichten Elektronengases verringert wird. Das kann zu einer Verschiebung oder gar Aufhebung derartiger frei-gebunden Sprünge führen. Für eine ausführlichere Diskussion dieses Problemkreises verweisen wir etwa auf das Lehrbuch von H. Griem [*81*].
Im Punkte 4 (Bild 10) beginnt die emittierte Strahlung optisch dick zu werden. Hier ändert sich die Steigung der Kurve von $1/\lambda^2$ zu $1/\lambda^4$. Die Lichtemission erreicht bezogen auf die zugehörige Planckkurve im Normalfall ihren maximalen Wert. Weiter unten

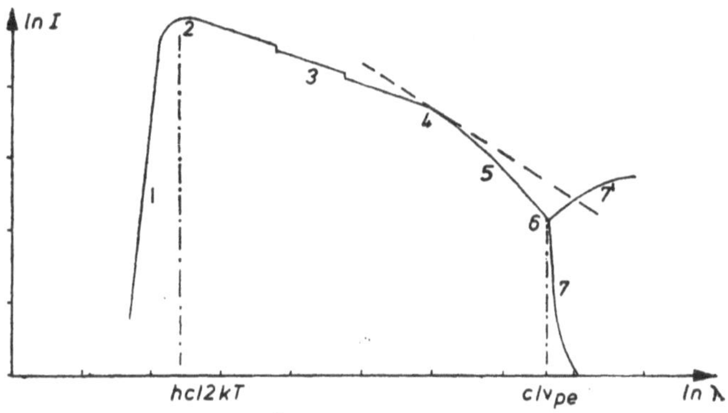

Bild 10. Prinzipbild zur Kontinnumslichtemission

wird gezeigt, daß die Abweichung von der Maximalemission hier nicht mehr als 25% beträgt. Zu höheren Wellenlängen hin (Bereich 5) wird die Strahlung optisch dicker und entfernt sich meist wieder von der Planckkurve. Nur wenn die Temperaturverteilung in der Plasmasäule homogen ist, wird die Lichtemission der Planckkurve folgen. Aus der Kontinuumsmessung im optisch dicken Plasma läßt sich aus der Annäherung an die Schwarzkörperstrahlung direkt die Plasmatemperatur, präziser die Elektronentemperatur, ohne weitergehende Annahmen gewinnen.
Der Punkt 6 (Bild 10) kennzeichnet die Bedingung, bei der die Frequenz der elektromagnetischen Wellen gleich der Elektronenplasmafrequenz wird. Zu längeren Wellenlängen hin wird der Reflexionskoeffizient des Plasmas ungleich Null und damit wird der Emissionskoeffizient reduziert. Für ein klassisches Plasma erwartet man im Bereich 7 (Bild 10) eine starke Verringerung der Lichtemission verglichen mit der Planckstrahlung. In vielen Plasmen werden jedoch stark angeregte elektrostatische Wellen beobachtet, deren Frequenz von der Größenordnung oder kleiner als die Plasmafrequenz ist. Wenn sich diese elektrostatischen Wellen nicht im Gleichgewichtszustand mit den Elektronen befinden, können sie zu einer verstärkten Emission von elektromagnetischer Strahlung Anlaß geben. In diesem Fall ist es plausibel, im Bereich 7 (Bild 10) eine erhöhte Lichtemission zu erwarten.
Im optisch dünnen Plasma (Bereich 1—3, Bild 10) kann bei gegebener Plasmaabmessung aus dem Absolutwert der Strahlungsintensität der Emissionskoeffizienten bestimmt werden, der für spektroskopische Rechnungen als Ausgangsgröße dient. Im Bereich des optisch dicken Plasmas (Bereich 4—5, Bild 10) ist die Ableitung des Emissionskoeffi-

zienten aus der Strahlung erheblich schwieriger, da die von den zentralen Bereichen emittierten Photonen mit großer Wahrscheinlichkeit wieder reabsorbiert werden. Als hilfreich erweist sich hier eine Theorie, die von H. BARTELS [*82*] 1949–1953 für die Kuppenintensität selbstumgekehrter Linien abgeleitet wurde. In früheren Arbeiten ([*49*] ZWICKER, SCHUMACHER und [*83*]) wurde gezeigt, daß diese Theorie auch für die Kontinuumsstrahlung anwendbar ist. Bei den experimentell vorgegebenen Elektronendichten des Pinches von 10^{19} cm^{-3} und einer Temperatur von $kT_e \approx 10$ eV kann nach ZWICKER und SCHUMACHER [*49*] erwartet werden, daß die emittierte Lichtintensität sich im optisch dicken Fall gut der Planckstrahlung des zentralen Plasmas anschmiegt.
Das Ergebnis der experimentellen Kontinuumsbeobachtungen für den Aufbau A ist in den Bildern 11 und 12 zum Zeitpunkt der maximalen Kompression wiedergegeben. Für die verschiedenen Fülldrücke des Arbeitsgases Wasserstoff (Bild 11) wurden die

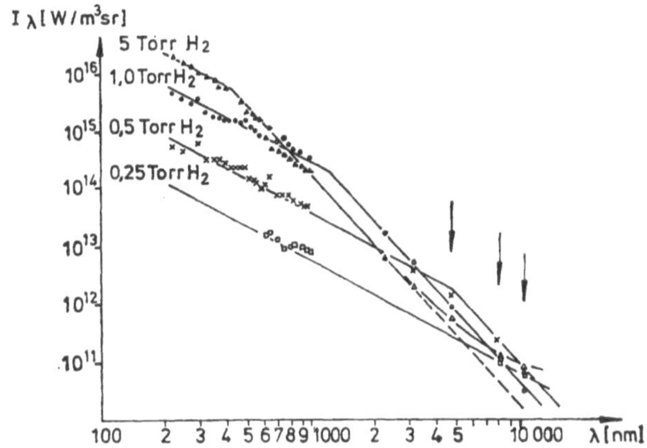

Bild 11. Kontinuumslichtemission für Wasserstoff zwischen 200 nm $\leqq \lambda \leqq$ 10 µm (A)

Messungen in drei Untersuchungsreihen durchgeführt, und zwar für den Wellenlängenbereich 200 nm $\leqq \lambda \leqq$ 600 nm mit Quarzoptik, zwischen 600 nm $\leqq \lambda \leqq$ 1 µm mit einem Multiplier im S 1 Kathode und zwischen 2,3 µm $\leqq \lambda \leqq$ 10,6 µm mit Quecksilber dotiertem Cadmiumtellurid-Kristall, der mit flüssigem Stickstoff gekühlt war. Die Absoluteichung erfolgte mit sichtbaren Spektralbereich mit einer Wolframbandlampe und mit einem Lichtbogen, in den übrigen Bereichen nur mit dem Kohlebogen nach der Methode von H. MAGDEBURG und U. SCHLEY [*84*]. Im überlappenden Bereich stimmen beide Eichungen innerhalb 10% überein. Da bei diesen Messungen ein großer Werte bereich überstrichen wird, wurde sowohl für die Abszisse (λ) als auch für die Ordinate (I_λ) ein logarithmischer Maßstab gewählt. In dieser Darstellung wird die Schwarzkörperstrahlung in der Rayleigh-Jeans-Näherung als Gerade mit der Steigung (–4) wiedergegeben ($I_\lambda \sim 1/\lambda^4$), während die optisch dünne Kontinuumsstrahlung näherungsweise eine Steigung von (–2) aufweist ($I_\lambda \sim 1/\lambda^2$). Die Meßergebnisse in Bild 11 zeigen für kleine Fülldrücke Waserstoff eine geringere Lichtemission als für höhere; die Steigung der Meßergebnisse ist für kleine Dichten und kurze Wellenlängen gleich (–2). Dies bedeutet, daß die Plasmasäule für diese Bedingungen optisch dünn ist. Zu längeren Wellenlängen hin knicken die Kurven ab in eine Gerade mit der Steigung (–4), was bedeutet, daß das Plasma hier optisch dick ist. Der Abknickpunkt rückt für höhere Fülldrücke weiter zu kürzeren Wellenlängen, während die Lichtemission im optisch dicken Bereich mit fallendem Fülldruck zunimmt. Das kann nur dadurch erklärt werden, daß die Elektronentemperatur des Plasmas für hohe Fülldrücke niedriger ist als für geringere.

Aus dem Verlauf der Kontinuumsstrahlung vom Knickpunkt zu größeren Wellenlängen hin ergibt sich, daß sich die Lichtemission auch für hohe Werte der optischen Dicke τ der Schwarzkörperstrahlung anschmiegt. Der parallele Verlauf der Lichtemission mit der Schwarzkörperstrahlung kann über eine Wellenlängendekade verfolgt werden, also für $2 < \tau \leq 200$. Aus dieser Beobachtung ergibt sich in Verbindung mit der

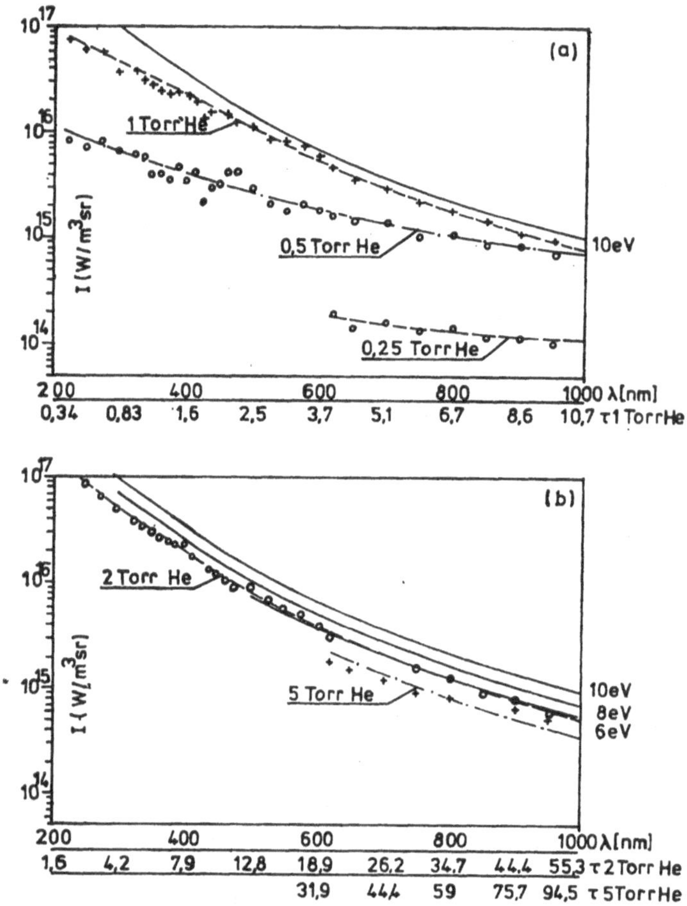

Bild 12. Kontinuumslichtemission für Helium zwischen 200 nm $\leq \lambda \leq 1\ \mu$m (A)

Bartelsschen Theorie, daß die Plasmatemperatur nahezu homogen sein muß und daß aus dem Vergleich der optisch dicken Strahlung mit dem Planckwert direkt die Elektronentemperatur des Plasmas abgeleitet werden kann. Bei bekannter Temperatur kann dann aus dem optisch dünnen Bereich des Spektrums die Elektronendichte gewonnen werden. Eine damit verwandte, besonders bei hohen Fülldrücken von uns durchgeführte Methode zur Bestimmung der Elektronendichte, besteht in der Ausmessung der optischen Dicke. Auf diese Messungen wird weiter unten eingegangen.

Verfolgt man die Kontinuumsemission im infraroten Spektralbereich genauer, so fällt auf, daß bei hohen Fülldrücken zu langen Wellenlängen hin eine gegenüber der Schwarzkörperstrahlung erhöhte Lichtemission stattfindet. Bei einem Fülldruck von 5 Torr H_2 beginnt die überthermische Strahlung bei einer Wellenlänge von 5 μm und erreicht bei der längsten von uns erfaßten Wellenlänge $\lambda = 10$ µm eine sechsfache Überhöhung. Genauer wird diese überthermische Lichtemission im infraroten Spektralbereich in einem später folgenden Kapitel (11) diskutiert.

Die Kontinuumsemission für das Heliumplasma (Bild 12) ist ähnlich dem des Wasserstoffplasmas. Die Messungen werden hier nur im Bereich zwischen 200 nm und 1 µm durchgeführt; wegen der Verkleinerung des Meßbereichs wurde daher hier die halblogarithmische Darstellung verwendet. Aus der spektralen Steigung der Lichtemission ist leicht zu unterscheiden, wann der Strahler als optisch dünn oder als optisch dick angesehen werden kann. Bei einem Fülldruck von 1 Torr He findet etwa bei $\lambda = 450$ nm der Übergang zwischen optisch dick und optisch dünn statt. Bei gleichen Fülldrücken ist die Lichtemission beim Heliumplasma höher als beim Wasserstoffplasma; aus dem Vergleich des optisch dicken Spektralbereiches folgt, daß die Temperatur etwa doppelt so hoch ist wie beim Arbeitsgas Wasserstoff.

10. Transmissionsmessungen

(Experiment 1)

Bei bekannter Temperaturverteilung im Plasma ist die Bestimmung der Emissivität ε und der optischen Dicke τ äquivalent. Speziell bei homogener Temperaturverteilung über eine Plasmaschicht der Länge L sind die beiden Größen durch

$$\tau = \varepsilon \cdot L/S$$

verknüpft, wobei S die Quellfunktion bzw. im LTE-Plasma die Planckfunktion darstellt. Von der Meßtechnik her bedeutet jedoch die Bestimmung der beiden Größen verschiedene Meßverfahren. Zur Ableitung der Emissivität wird meist, wie oben beschrieben, die Emissionsspektroskopie herangezogen, zur Gewinnung der optischen Dicke etwa Transmissionsmessungen des Plasmas. Der von uns benutzte Aufbau zur Bestimmung der Lichtabsorption ist in Bild 13 wiedergegeben: Der Strahl eines Rubinlasers wird über die Linse L1 auf die Plasmasäule des Pinches fokussiert und über die Linse L2 und einen Monochromator photoelektrisch registriert. Anstelle des Rubinlaserlichtes kann auch das über einen RDA-Kristall frequenzverdoppelte Licht benutzt werden. Vor Durchgang durch den Pinch wird ein Teil des einfallenden Lichtes als Referenzsignal über den Photomultiplier II aufgenommen. Durch die Filter F1–F5 wird das Laserlicht auf eine für die Multiplier passende Intensität aufbereitet und spektral geeignet vorzerlegt. Besondere Sorgfalt muß auf die Wahl der Apertur des Empfangssystems nach Trans-

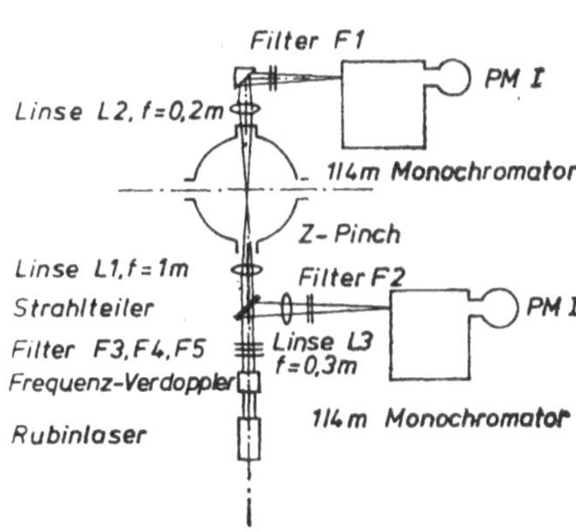

Bild 13. Aufbau zur Plasmatransmissionsmessung (A)

mission durch den Pinch gelegt werden, da die in den Schlierenaufnahmen gefundenen kleinskaligen Turbulenzen innerhalb der Plasmasäule als Streuzentren wirken. Das System war so ausgelegt, daß alles Licht aus einem Streuwinkel von 30 mrad registriert wurde.

Als Beispiel der Transmissionsmessung ist in Bild 14a der Abschwächungsexponent τ für einen Fülldruck von 2 Torr Wasserstoff als Funktion der Zeit dargestellt. Die obere Kurve gibt die optische Dicke bei der Rubinlaserwellenlänge $\lambda_0 = 6943$ Å wieder,

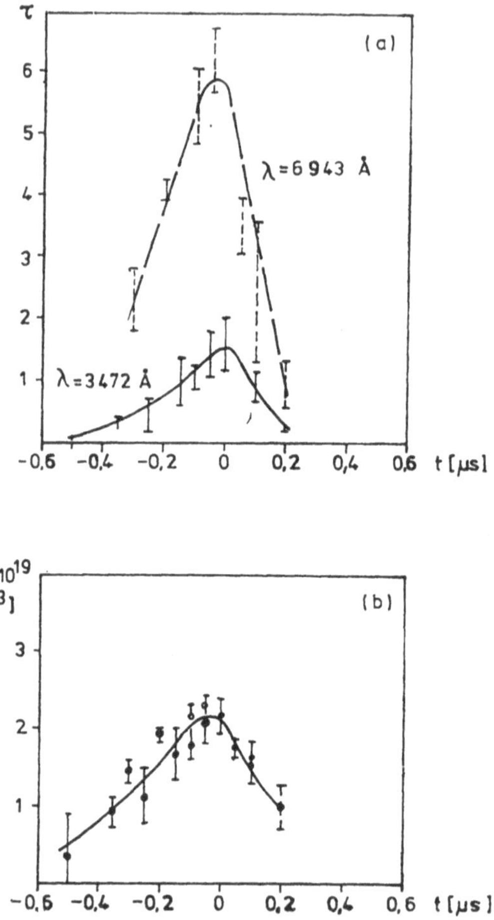

Bild 14a. Ergebnis der Transmissionsmessungen für $\lambda = 6943$ Å und $\lambda = 3472$ Å (A)
Bild 14b. Elektronendichtewerte gemäß der Transmissionsmessung (A)

während die untere Kurve die entsprechenden Werte des frequenzverdoppelten Lichtes darstellen. Wie theoretisch erwartet, ist die optische Dicke für λ_0 vierfach so hoch wie für die erste harmonische. Der Zeitpunkt 0 gibt in dieser sowie in späteren Darstellungen den Zeitpunkt der maximalen Kompression an. In Bild 14b ist der aus 16a abgeleitete Elektronendichteverlauf aufgezeichnet. Die geschlossenen Punkte geben die Werte aus dem frequenzverdoppelten Laserlicht und die offenen Kreise aus dem einfachen Laserlicht wieder. Innerhalb der Meßgenauigkeit ergeben beide Meßwerte das gleiche Ergebnis, nämlich bei diesem Fülldruck eine Maximaldichte von $2 \cdot 10^{19}$ cm^{-3}. Variiert man den Arbeitsdruck zu höheren Werten hin, so wird die optische Dicke bei der Fundamentalwellenlänge für eine sinnvolle Auswertung zu groß ($\tau > 6$); hier werden nur die Ergebnisse bei $\lambda = 3472$ Å ausgewertet. Umgekehrt ist bei kleineren Arbeitsdrücken die optische Dicke im Ultraviolettbereich kleiner als 1, so daß die statistischen Fehler zu stark das Meßergebnis beeinflussen. Hier wird sinnvollerweise nur bei der Fundamentalwellenlänge des Rubinlasers gearbeitet. Bei der gegebenen Plasmageometrie liefert die Transmissionsmethode sichere Meßergebnisse im Dichtebereich von etwa 10^{19} cm$^{-3} \leqq N_e \leqq 10^{20}$ cm^{-3}.

In den Bildern 15 und 16 sind die wesentlichen Ergebnisse aus der Kontinuumslichtmessung und der Transmissionsmessung zusammengestellt. Bild 15 gibt die Elektronen-

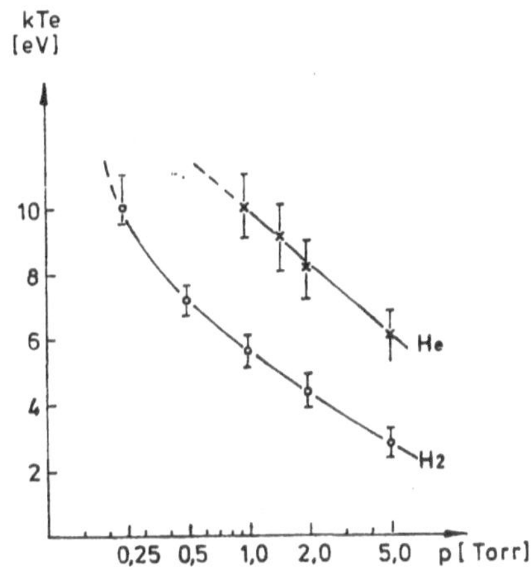

Bild 15. Elektronentemperatur als Funktion des Füllgases für H_2 und He (A)

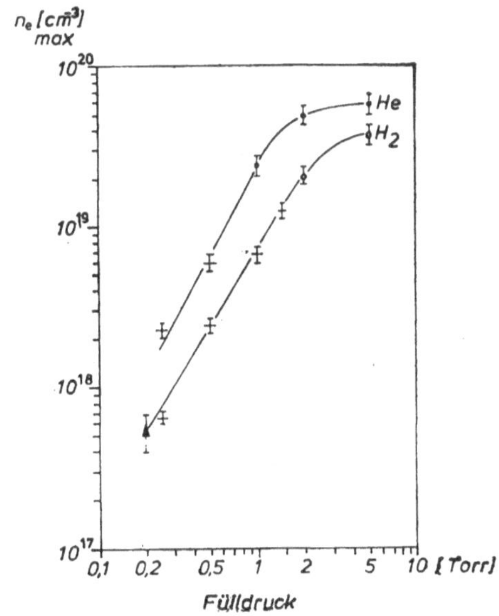

Bild 16. Dichte zur Zeit der maximalen Kompression für verschiedene Füllgase und Fülldrucke (A)
○ : Werte abgeleitet aus der Transmissionsmessung
+ : Werte abgeleitet aus optisch dünner Kontinuumsstrahlung
△ : Werte abgeleitet aus der interferometrischen Holographie

temperatur zur Zeit der maximalen Kompression als Funktion des Fülldruckes wieder. Die Temperaturen sind aus der optisch dicken Strahlung des Pinchplasmas gewonnen. Man erkennt, daß bei gegebenem Fülldruck die Temperatur des Heliumplasmas etwa doppelt so hoch ist wie die des Wasserstoffplasmas. Die Maximaltemperatur wird bei niedrigen Arbeitsdrücken erreicht und beträgt beim Wasserstoff etwa 10 eV und beim Heliumplasma etwa 15 eV. Die maximal erreichbare Elektronendichte ist gemäß Bild 16 für das Heliumplasma ebenfalls immer nahezu doppelt so hoch wie beim Wasserstoffplasma. Bei Variation des Fülldruckes von 0,25 Torr bis 5 Torr kann ein Elektronendichtebereich zwischen $5 \cdot 10^{17}\,\mathrm{cm}^{-3}$ bis zu $6 \cdot 10^{19}\,\mathrm{cm}^{-13}$ überstrichen werden. In Bild 16 sind die Meßpunkte mit einem vollen Punkt gekennzeichnet, die aus der Transmissionsmessung gewonnen wurden, mit einem Kreuz diejenigen, die aus der optischen dünnen Kontinuumsstrahlung abgeleitet wurden und schließlich mit einem Dreieck der Wert bei kleinem Fülldruck, bei dem Holographie zu einem sinnvollen Ergebnis führte.

11. Überthermische Lichtemission bei der Elektronenplasmafrequenz (Experiment A)

Wie schon bei der Behandlung von Bild 11 ausgeführt, emittiert das Pinchplasma im mittleren infraroten Spektralbereich bei hohen Fülldrucken eine Lichtintensität, die die Schwarzkörperstrahlung deutlich übersteigt. Eine derartig überthermische Strahlung kann nur dann stattfinden, wenn der erzeugte Prozeß nicht im Gleichgewicht mit demjenigen ist, der für die Kontinuumsstrahlung verantwortlich ist, nämlich Bremsstrahlung und Rekombinationsstrahlung, die von den Elektronen emittiert werden. Somit kann die ‚normale' Kontinuumsstrahlung nicht den Wert überschreiten, der aus der Planckfunktion bei gegebener Elektronentemperatur folgt. Bei erhöhter Lichtemission muß dem Träger des erzeugenden Prozesses eine erhöhte spektrale Energiedichte zugeschrieben werden. Die dazu durchgeführte nähere Analyse der infraroten Kontinuumsstrahlung ist für die Arbeitsbedingung 2 Torr H_2 als Füllgas in Bild 17 dargestellt. Als Abszisse ist $1/\lambda$ zwischen $1/10\,\mu\mathrm{m}^{-1}$ und $1/2{,}3\,\mu\mathrm{m}^{-1}$, also im wesentlichen die Frequenz ν der elektromagnetischen Wellen aufgetragen. Die Ordinate zeigt $(1/\nu^2)\, I_\nu d\nu$ in willkürlichen Einheiten; in dieser Darstellung erscheint die Planckkurve als horizontale Gerade. Als dritte Dimension ist in Bild 17 die Zeit aufgetragen, wobei der Nullpunkt wieder von der maximalen Kompression an gezählt wird. Für Arbeitsbedingungen kleiner als 1 Torr H_2 sind alle Emissionskurven parallele Geraden zu der Frequenzachse, d. h., die beobachtete Strahlung in diesem Wellenfrequenzabschnitt läßt sich gut durch die Schwarzkörperstrahlung beschreiben, wie schon aus Bild 11 nahelag. Eine anomale Emission wird bei dieser Bedingung nicht beobachtet. Der Schnitt bei einer konstanten Wellenlänge durch die aufgespannte Fläche gibt den relativen zeitlichen Verlauf der Plasmatemperatur wieder.

Bei einer Arbeitsbedingung von 2 Torr Wasserstoff ist die Lichtemission bei frühen und späten Zeiten ähnlich der bei kleinen Drücken wie Bild 17 zeigt. Jedoch im Zeitintervall von $-100\,\mathrm{ns} \leqq t \leqq +100\,\mathrm{ns}$ ist für Wellenlängen größer als $8{,}1\,\mu\mathrm{m}$ eine verstärkte Emission zu beobachten. Vergleicht man das Ergebnis mit Messungen aus anderen Experimenten, so erwartet man diese verstärkte Lichtemission bei typischen Plasmaresonanzen. In das von uns beobachtete Spektralgebiet fällt nur die ‚cut-off'-Bedingung für elektromagnetische Wellen $\omega = \omega_{pe}$, bei der der Brechungsindex des Plasmas komplex wird. Aus der früher abgeleiteten Elektronendichte ergibt sich die Plasmafrequenz zu

$$\nu_{pe} = 8 \cdot 98 \cdot 10^3 \cdot \sqrt{N_e}.$$

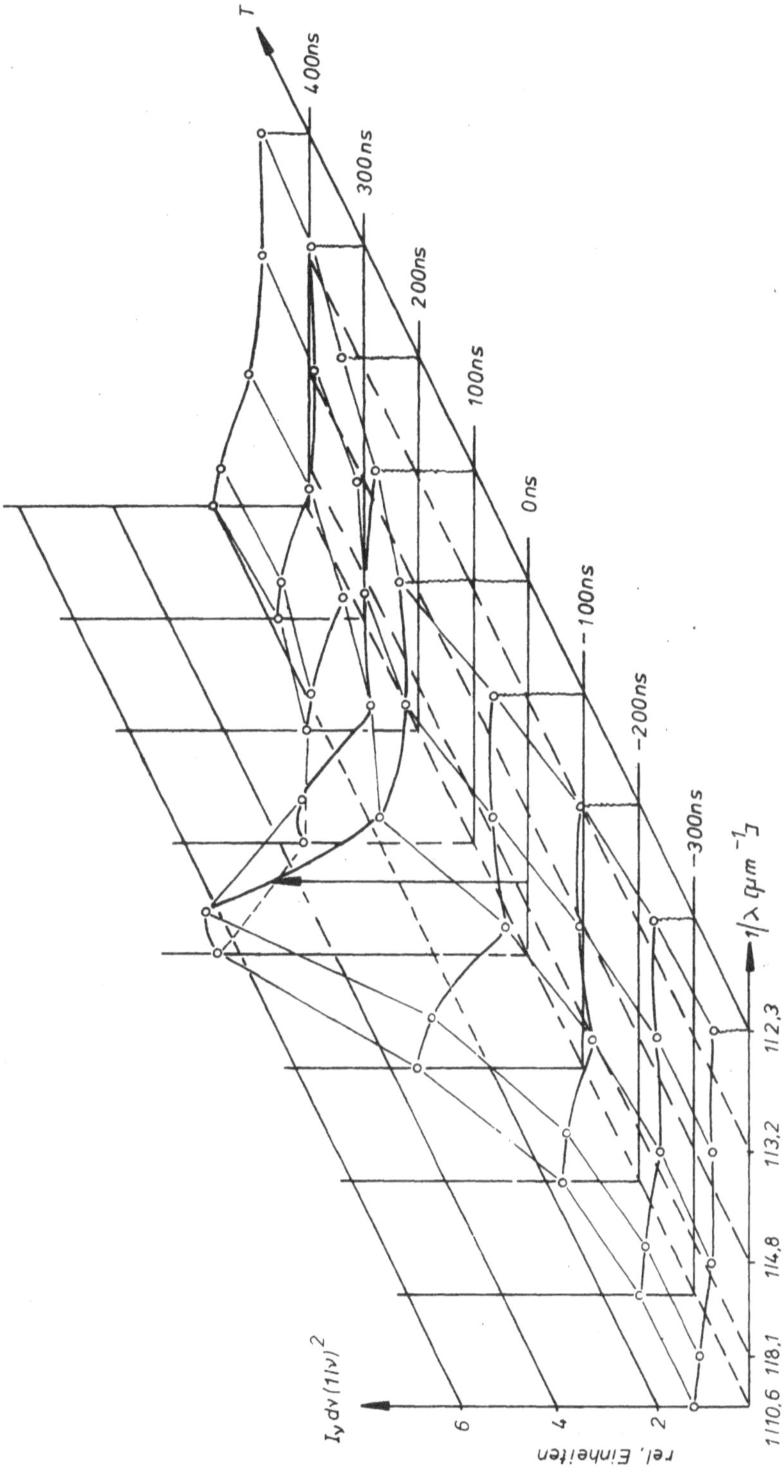

Bild 17. Infrarote Lichtemission zu verschiedenen Entladungszeitpunkten (A) für 2 Torr H_2

Für den Zeitpunkt der maximalen Dichte ist der so gewonnene Wert als Pfeil in Bild 17 eingezeichnet. Man erkennt, daß die verstärkte Lichtemission in dem Gebiet auftritt, in dem $\omega < \omega_{pe}$ ist, in dem Gebiet also, in dem nach klassischer Vorstellung nur eine stark verringerte Emission möglich ist. Vergleicht man rückschauend die Lage der Plasmafrequenz bei etwa der Arbeitsbedingung von 1 Torr H_2, so findet man, daß dieser Wert gerade außerhalb des untersuchten Bereichs liegt.

Für den Arbeitsdruck 5 Torr Wasserstoff ergibt sich qualitativ das gleiche wie bei 2 Torr: Man beobachtet zu langen Wellenlängen hin und zur maximalen Kompression überthermische Lichtemission für $\omega < \omega_{pe}$ während für $\omega > \omega_{pe}$ die Strahlungsintensität durch die Schwarzkörperstrahlung beschrieben werden kann. Der quantitative Unterschied zwischen beiden Arbeitsbedingungen ist, daß die Plasmafrequenz bei 5 Torr Wasserstoff zu höheren Frequenzen hin verschoben ist und daß der zeitliche Verlauf gedehnter erscheint.

Als wahrscheinlichstes Energiereservoir für die Emission der überthermischen Strahlung kommen elektrostatische Plasmawellen in Frage, die durch Anfachung einer Turbulenz auf einen gegenüber dem thermischen Gleichgewicht erhöhten Wert angehoben werden. Die Wellen können durch verschiedene Prozesse in elektromagnetische transformiert werden. Diese Prozesse sind im wesentlichen die inversen zu denjenigen, die zur Lichtabsorption bei Laser-Plasma-Wechselwirkungsexperimenten Anlaß geben.

Ein Prozeß zur Lichtabsorption ist die Resonanzabsorption, bei der die ankommenden Photonen über Modenkonversion in elektrostatische Schwingungen umgewandelt werden. Dieser Mechanismus ist sehr effektiv für die Lichtabsorption und daher kann der inverse Prozeß zur überthermischen Abstrahlung führen, wenn die hochfrequenten elektrostatischen Schwingungen genügend stark angeregt sind. Mit großer Wahrscheinlichkeit ist dieser Prozeß auch im θ-Pinchplasma [*85*] beobachtet worden. Eine weitere Möglichkeit stellen parametrische Prozesse dar, bei der zwei elektrostatische Wellen mit einer elektromagnetischen in Wechselwirkung treten. Sind hochfrequente elektrostatische Wellen mit einer Frequenz $\omega = \omega_{pe}$ stark überthermisch angeregt, so erwartet man Emission von elektromagnetischen Wellen sowohl bei $\omega \sim \omega_{pe}$ als auch bei $\omega = 2\omega_{pe}$. In dem hier gegebenen z-Pinch ist jedoch eine starke Anregung der hochfrequenten elektrostatischen Turbulenz bei $\omega = \omega_{pe}$ unwahrscheinlicher als die niederfrequentere ionenakustische Turbulenz bei $\omega \sim \omega_{pi}$. Die dieser Turbulenz zugrunde liegende modifizierte Zweistrominstabilität kann nach Krall und Liewer [*86*] durch einen Strom senkrecht zum Magnetfeld angefacht werden, wenn die Driftgeschwindigkeit zwischen Ionen und Elektronen größer als die Ionenschallgeschwindigkeit ist. Diese Bedingung ist beim hier behandelten Experiment marginal erfüllt, hingegen werden bei weitem die Schwellwerte unterschritten, die notwendig sind, um die hochfrequenteren Instabilitäten bei ω_{pe} anzufachen. Eine Kopplung der niederfrequenten Wellen mit den hochfrequenten führt zur Emission bei ω_{pe} und nicht bei $2\omega_{pe}$, wie experimentell beobachtet wurde. Unseres Wissens nach liegen quantitative Rechnungen zum parametrischen Prozeß der Kopplung zu höherfrequenten Wellen nicht vor, da er für nichtlineare Effekte meist von untergeordneter Bedeutung ist.

Recht nahe diesen Darstellungen kommt ein neueres Modell von M. Nambu und P. K. Shukla [*87*], bei dem eine resonante Kopplung zwischen einer niederfrequenten Turbulenz (ω, k) mit einem Teil der Elektronen angenommen wird. Im niederfrequenten Feld werden die Elektronen beschleunigt und emittieren elektromagnetische Wellen (Ω, K) in der Nähe der Elektronenplasmafrequenz aus. Die Anwachsrate für induzierte inverse Bremsstrahlung ist gegeben durch:

$$\frac{\gamma}{\Omega} = \sqrt{\frac{\Pi}{2}} \cdot \left(\frac{\omega_{pe}}{\Omega}\right)^2 \cdot \left(\frac{M_i}{m_e}\right)^{1/2} \frac{v_0}{v_e} \cdot \Sigma \left|\frac{k_e}{k'}\right|^3 \widetilde{W}_k \Bigg/ \left\{-1 + \frac{1}{2}\left[\left(\frac{M_i}{m_e}\right)^{1/2} \frac{c^2}{v_e} \left(\frac{-k' + 2K}{\Omega}\right)\right]\right\}.$$

Verwendet man die experimentell vorgegebenen Werte

$$(M_i/m_e)^{1/2} \cdot v_0/v_e \approx 1$$

$$k_\varepsilon/k' \approx 10 \quad (\text{siehe } [87])$$

$$\omega_{pe}/\Omega \approx 1$$

$$T_e \approx 10\,\text{eV},$$

so folgt für die Anwachsrate

$$\frac{\gamma}{\Omega} = 0{,}13 \cdot \widetilde{W}_k.$$

Nimmt man fernerhin an, daß die elektromagnetische Welle nur in der stromführenden Schicht anwächst, die etwa eine Dicke von $L = 1$ mm besitzt (vgl. Kap. 12), so folgt für die Energiedichte des turbulenten Feldes dort:

$$\widetilde{W}_k = \frac{W_k}{nkT} = \frac{C}{L} \cdot \frac{1}{0{,}13\Omega} = \frac{1}{2\pi \cdot 0{,}13} \cdot \left(\frac{\lambda_0}{L}\right) = 1{,}2 \cdot 10^{-2}.$$

Diese Größenordnung ist für ein turbulentes Plasma durchaus zu erwarten.

12. Magnetfeldmessungen und Bestimmung der Ionentemperatur

(Experiment A und B)

Nachdem Elektronentemperatur und Dichte abgeleitet wurden, ist für die weitere Charakterisierung des Pinchplasmas die Kenntnis der Magnetfeldverteilung und der Ionentemperatur notwendig. Zur Magnetfeldbestimmung wurde eine kleine Induktionsspule gebaut, die radial bis zur Achse hin verschoben werden konnte. Um bei einem Bruch der Glasummantelung der Sonde nicht das hohe Plasmapotential zu den Meßgeräten hin weiterzuleiten, wurde die Sonde optoelektrisch vom Meßkreis entkoppelt, wie in Bild 18

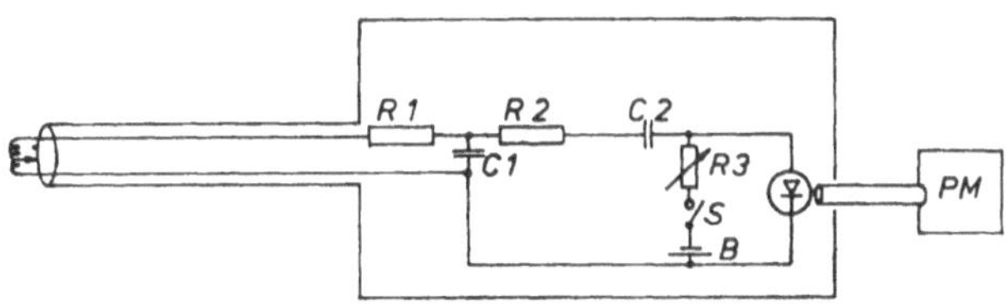

Bild 18. Meßaufbau zur Magnetfeldbestimmung (A und B)

zu ersehen ist. Hiernach wird das von der Sonde aufgefangene dB/dt-Signal über R1 und C1 integriert und über den Strombegrenzungswiderstand R2 auf eine lichtemittierende Diode übertragen. Da die Diode erst ab einer Spannung von 0,7 V an Licht aussendet, muß über die Batterie B eine Gleichspannung dem Meßsignal überlagert werden. Das Abfließen des Gleichstromes wird dadurch vermieden, daß diese über C2 kapazitiv entkoppelt ist. Von der Lumineszenzdiode wird das Licht über einen Quarzstab auf einen Photomultiplier PM übertragen und wieder in ein elektrisches Meßsignal umgewandelt. Bei einer späteren Analyse der Meßergebnisse ergaben sich Kalibrationsprobleme, so daß beim jetzigen Stand der Untersuchungen die Signale nur qualitativ analysiert werden können.

In Bild 19 ist die Magnetfeldverteilung $r \cdot B_\varphi(r)$ als Funktion des Radius bis zur maximalen Kompression dargestellt; Parameter der Darstellung ist die Zeit. Wie deutlich zu erkennen ist, läuft eine vergleichsweise steile magnetische Front zur Achse und schiebt ähnlich dem Schneepflugmodell des Plasma vor sich her. Nach außen hin fällt das Magnetfeld wie erwartet näherungsweise mit $1/r$ ab, da der elektrische Strom im magnetischen Kolben konzentriert ist. Nur in der Nähe des Kolbens findet eine deutliche Kompression des Magnetfeldes statt, was nach H. Schindler [48], W. Hertz et al. [48] und U. Kogelschatz et al. [52] auf die Dominanz der Trägheitskräfte im Vergleich zu den Magnetfeldkräften in Achsennähe zu erklären ist. Die beobachtete Zeitentwicklung des Magnetfeldes bis zur maximalen Kompression stimmt recht gut mit den früheren Messungen an z-Pinchen überein.

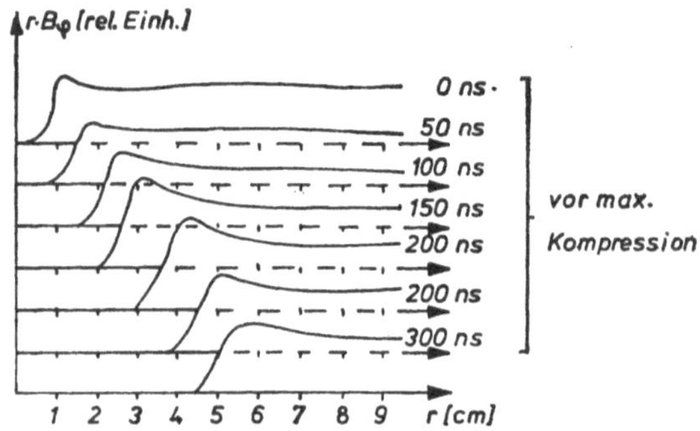

Bild 19. $B_\varphi(r) \cdot r$ als Funktion des Radius und der Entladungszeit; 0 ns entspricht der maximalen Kompression (A)

Unseres Wissens nach liegen kaum Veröffentlichungen über die Magnetfeldverteilung innerhalb der dichten Plasmasäule vor, da die Sonden dort sehr rasch zerstört werden. Bei den Untersuchungen am höherenergetischen Pinch A ergab sich, daß das Plasmainnere im wesentlichen magnetfeldfrei bleibt und daß der Anstieg des Magnetfeldes innerhalb weniger Millimeter erfolgt. Die Lage des hohen Magnetfeldgradienten stimmt gut mit dem optisch beobachteten Plasmarand überein.

Beim niederenergetischen Pinch B hingegen erfolgt der Magnetfeldanstieg zum Plasmarand hin wesentlich flacher und das Plasmainnere kann nicht mehr als magnetfeldfrei angesehen werden. Die unterschiedliche Magnetfeldverteilung ist dadurch zu erklären, daß bei der Plasmaimplosion die Elektronentemperatur im Pinch A wegen des stärkeren Stromflusses höher ist als im Pinch B. Durch den daraus resultierenden unterschiedlichen Plasmawiderstand bleibt im Pinch A das Magnetfeld länger ausgeschlossen als bei B. Dementsprechend ist der Plasmarand im Falle A, wie beobachtet, nur wenige Millimeter dick; ob der Rand bei B deutlich diffuser ist, bleibt weiteren Untersuchungen vorbehalten.

Aus den qualitativen Magnetfeldmessungen kann unter Zuhilfenahme des Energie- und Impulssatzes die Ionentemperatur abgeschätzt werden. Sehen wir einmal von den Verlusten im äußeren Kreis ab, so kann für die Kompressionsphase der Energiesatz in der Form

$$E_{\text{int}} \cdot V + \int (B^2/8\pi)\, dV = E_{\text{ges}}$$

geschrieben werden, wobei in E_{int} die thermische Energiedichte $E_{\text{th}} = Nk(T_e + T_i)$ und die Dichte der inneren Energie zusammengefaßt sind. Die innere Energie besteht im wesentlichen aus der Ionisierungsenergie des Wasserstoffmoleküls und beträgt etwa 15 eV pro Elektron. Im Energiesatz wurde die gerichtete kinetische Energie des Plasmas im Kollapszeitpunkt als vergleichsweise gering angesehen. Die Annahme ist wegen der

hohen Stoßfrequenz bei Teilchendichten über 10^{19} cm^{-3} gerechtfertigt. Bei geringeren Dichten ist möglicherweise ein bedeutender Teil der Energie in Schwingungsenergie der Plasmasäule gespeichert, die das komprimierte Plasma wieder auseinanderreißt.
Neben dem Energiesatz sollte gemittelt über die Kollapsphase Druckgleichgewicht zwischen dem thermischen Plasmadruck und dem äußeren Magnetfelddruck herrschen:

$$E_{th} = E_{mag} = \big(B(R_p)\big)^2/8\pi .$$

Verwendet man die experimentell gemessenen Größen für die Arbeitsbedingung von 2 Torr H_2, so ergeben sich aus den beiden Gleichungen die Werte der Tabelle 5.

Tabelle 5

$\overline{N}_e = \overline{N}_i$	$= 3 \cdot 10^{19}$ cm^{-3}
$T_e = T_i$	$= 4$ eV
$B_\varphi(1$ cm$)$	$= 6{,}5$ T
E_{th}	$= 5{,}2$ kJ
E_{int}	$= 13{,}2$ kJ
E_{mag}	$= 3{,}8$ kJ
$E_{ges} = E_{lade}$	$= 22{,}2$ kJ.

Nach dieser Zusammenstellung wird deutlich, daß bei hohen Dichten die meiste Energie zur Ionisierung des Plasmas aufgewendet werden muß, während die thermische Energie wenig höher ist als die Magnetfeldenergie. Es ist fernerhin konsistent anzunehmen, daß die hohe Stoßfrequenz zu einem raschen Energieausgleich zwischen Ionen und Elektronen führt.
Anders liegen die Verhältnisse bei kleineren Fülldrücken, bei denen die Ionisierungsenergie nur eine geringe Rolle spielt. Nach den Sondenmessungen besitzt die Magnetfeldamplitude am Plasmarand ähnliche Werte wie bei den höheren Fülldrücken. Aus den Kontinuumsmessungen ist andererseits die Teilchendichte und die Elektronentemperatur bekannt, so daß der Elektronendruck im Vergleich zum Magnetfelddruck abgeschätzt werden kann. Die Auswertung zeigt, daß der Elektronendruckbeitrag nur gering ist; dementsprechend müssen die Ionen das Druckgleichgewicht herstellen. Aus einer Abschätzung für eine Arbeitsbedingung von 0,5 Torr H_2 folgt, daß die Ionentemperatur höher als 100 eV sein sollte. Dieser Wert könnte geringer sein, wenn die Plasmasäule noch kinetische Schwingungsenergie speichert, so daß nicht alle Energie thermalisiert ist.
Um bei den geringen Fülldrücken die Ionentemperatur quantitativ zu erfassen, wurde die Dopplerbreite der C III 2279 Å-Linie für die Arbeitsbedingung 0,5 Torr H_2 vermessen. In Bild 20 ist eine Sequenz des Linienprofils zu verschiedenen Zeiten der Entladung dargestellt. Die Linie erscheint zunächst als Doppelstruktur beiderseits der Position der unverschobenen Linie. Zu diesem Zeitpunkt repräsentiert das Profil die Geschwindigkeit der Ionen im kollabierenden Plasmakolben. Wegen der Zylindersymmetrie vermißt man die Kolbengeschwindigkeit beiderseits der Pinchachse. Die Linienamplitude wächst stetig bis etwa 100 ns vor der maximalen Kompression an. Bei der dann einsetzenden Ionisation zu höheren Stufen hin nimmt die Linienintensität ab. Die doppelhöckrige Struktur der Linie bleibt jedoch auch zu diesem Zeitpunkt noch erhalten.
Etwa 150–200 ns nach dem Zeitpunkt der maximalen Kompression wird der Zentralteil der Linie aufgefüllt. Im zerfallenden Plasma schließlich wächst die Linienintensität wegen der Rekombination aus höheren Ionisationsstufen wieder an. Erst ab diesem Zeitpunkt, das sind etwa 300–400 ns nach maximaler Kompression, kann das Linien-

profil hinreichend gut durch eine Gaußkurve approximiert werden. Es kann angenommen werden, daß in den höheren Ionisationszuständen die thermische Energie der Kohlenstoffionen gleich der des Wasserstoffs wird. Daher gibt die Auswertung der Breite zu diesem späten Entladungszeitpunkt eine untere Schranke für die maximale Ionentemperatur.
Doch bevor dies durchgeführt wird, muß der Einfluß anderer Verbreiterungsmechanismen abgeschätzt werden. Neben der Apparatebreite des Spektrometers von 0,2 Å ist in

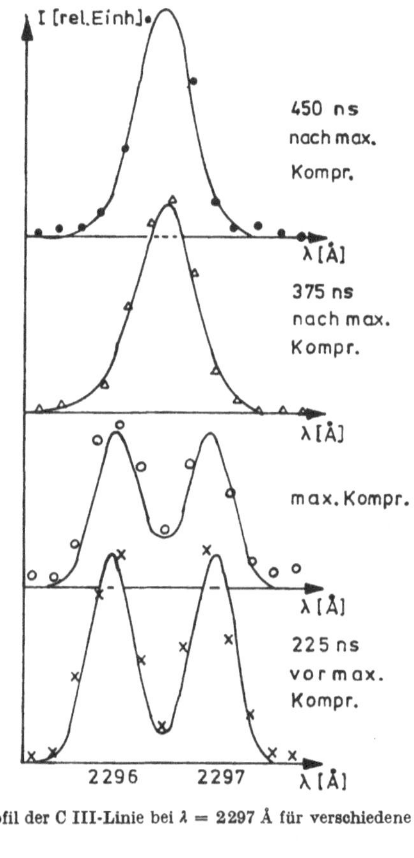

Bild 20a–d. Linienprofil der C III-Linie bei λ = 2297 Å für verschiedene Entladungszeitpunkte (A)

dichten Plasmen häufig die Starkverbreiterung von Bedeutung. Bei der vorgegebenen Linie sind unseres Wissens nach experimentelle Werte zur Starkverbreiterung nicht veröffentlicht. Vorläufige Messungen am dichteren Plasma im Pinch C zeigten, daß bei Dichten von 10^{18} cm^{-3} die Starkbreite etwa 0,1 Å beträgt, d. h., bei den vorgegebenen Bedingungen ist die Starkverbreiterung nicht völlig vernachlässigbar. Aus der zeitlichen Sequenz der Linienprofile bietet sich eine Möglichkeit an, den Einfluß zusätzlicher Verbreiterungen neben dem Dopplereffekt nach oben hin abzuschätzen. Wir nehmen dazu an, daß zu frühen Zeiten der Entladung bis hin zur maximalen Kompression die Aufspaltung der Linie durch den Dopplereffekt verursacht wird, daß aber die Breite der beiden symmetrischen Komponenten durch andere Einflüsse bestimmt ist. Diese Breite ist zum Zeitpunkt der maximalen Kompression am größten und beträgt $\Delta\lambda_m = 0{,}3$ Å. Da zu späteren Zeiten die Teilchendichte geringer ist, können wir die wahre Doppler-

breite dadurch nach unten abschätzen, daß wir die gemessenen Breiten der Gaußverteilung zu späten Entladungszeiten mit $\Delta\lambda_m$ korrigieren. Für die Zeitpunkte $\Delta t = 375$ ns bzw. $\Delta t = 450$ ns ergeben sich nach diesem Verfahren minimale Werte der Ionentemperaturen von $kT_i \gtrsim 38$ eV. Ohne diese Korrektur, d. h. nur bei Berücksichtigung der Apparatebreite, würden Werte von $kT_i = 107$ eV bzw. $kT_i = 96$ eV folgen.
Wie schon aus der Analyse des Magnetfeldes bei kleinen Fülldrücken nahelag, ergibt sich aus der spektroskopischen Messung, daß die Ionentemperatur erheblich höher liegt als die Elektronentemperatur. Bei einem Fülldruck von 0,5 Torr H_2 beträgt der kleinste mit den Messungen verträgliche Wert $kT_i = 40$ eV. Wahrscheinlich übersteigt die Ionentemperatur zum Zeitpunkt der maximalen Kompression jedoch diese Größe. Mit wachsendem Einfülldruck können die Stöße zunehmend die verschiedenen Plasmakomponenten dem thermischen Gleichgewicht näherbringen.
Im Pinch B liegen die Verhältnisse ähnlich wie im Pinch A. Hier wurden Elektronendichte, Elektronentemperatur und Ionentemperatur gleichzeitig mit Hilfe der Thomsonstreuung vermessen (siehe Kap. 16). Tabelle 6 zeigt, daß auch hier die Ionentemperatur immer höher liegt als die Elektronentemperatur und daß die Differenz mit wachsendem Fülldruck abnimmt.

Tabelle 6
Werte aus der Lichtstreuung für Pinch B

E_0/kJ	P_0/Torr	N_e/cm^{-3}	kT_e/eV	kT_i/eV
4,8	0,4	$5 \cdot 10^{17}$	5	8
4,8	0,6	$7{,}5 \cdot 10^{17}$	2,5	4,5

13. Skalierung der dynamischen Pinchphase

Nach den Erfahrungen mit den in Bochum durchgeführten z-Pinchexperimenten sowie aus der Durchsicht der Literatur möchten wir einige Skalierungen zur Formierung der dichten Pinchphase angeben. Zunächst ist von Interesse, bei welchem Fülldruck die optimale Kompression stattfindet. Wichtige Untersuchungen dazu erfolgen wie früher beschrieben von den Gruppen Zwicker [*49*], Burgess [*50*] und Bötticher [*52*]. Diese Frage muß zweigeteilt beantwortet werden, denn sie hängt sowohl von der Plasmadynamik ab als auch von der speziellen Dimensionierung des Experimentes.
Zunächst sei das etwas allgemeinere Problem der Plasmadynamik behandelt: Mit wachsendem Fülldruck stehen natürlich mehr Teilchen zur Erzielung einer höheren Energiedichte zur Verfügung. Gleichzeitig wird jedoch die Kontraktionsgeschwindigkeit des implodierenden Plasmas verringert, so daß die Magnetfelddiffusion bedeutender wird. Das Optimum wird dann erreicht, wenn die Skintiefe von der Größe des Säulenradius ist: $\delta = R_p = \sqrt{\pi\sigma\mu/\tau}$. Hierbei ist τ die Kontraktionszeit des Plasmas, die natürlich vom Gefäßradius und der Stärke des angelegten Magnetfeldes abhängt.
Ist die Skineindringzeit größer als etwa eine halbe Periodendauer des Experimentes, so wird durch die Stromumkehr die Beschleunigung der implodierenden Plasmaschicht vermindert, so daß ein mehr vom Entladungskreis vorgegebenes Maximum durchlaufen wird. Gemäß Zwicker [*49*] wird der optimale Fülldruck erreicht, wenn die Plasmaimplosion während des zweiten Viertels der Entladungsperiode stattfindet. Jedoch wurde von Kogelschatz et al. [*52*] gezeigt, daß diese Bedingung durch die Wirkung der Trägheitskräfte modifiziert werden kann.
Eine weitere Frage ist die Skalierung des Säulendurchmessers und der Teilchendichte bei Variation des Gefäßradius. Soweit die verschiedenen Experimente hier vergleichbar

sind, bleibt bei ähnlicher Stromanstiegszeit und vergleichbaren Magnetfeldwerten das Verhältnis von Ausgangsradius zum Maximalradius etwa konstant; damit ist auch die komprimierte Teilchendichte bei gegebener Anfangsdichte gleich. Das Radienverhältnis beträgt bei den meisten Pinchen etwa $R_p/R = 1/10 \cdots 1/20$.
Bei den Experimenten im Bochum wurde auch die Dauer der dichten Pinchphase untersucht. Es wurde bei den Pinchen A und B festgestellt, daß die Zeitdifferenz $\Delta\tau$ zwischen Beginn der dichten Phase und der maximalen Kompression gleich der halben Zeitspanne ist, die zum Durchlaufen der Schallwelle notwendig ist

$$\Delta\tau \sim r_p/2c_s = R_p/2\sqrt{k(T_e + T_i)/m_i}.$$

Die Beobachtung kann folgendermaßen gedeutet werden: Der magnetische Kolben beschleunigt das Plasma, so daß sich vor dem Kolben eine einwärtslaufende Stoßwelle ausbildet, wie sie von mehreren Autoren beobachtet wurde. Bei Ankunft dieser Stoßwelle auf der Achse bildet sich eine reflektierte Störung großer Amplitude aus, die mit doppelter Schallgeschwindigkeit durch das konvergierende Plasma läuft. Trifft die auswärtslaufende Front schließlich mit dem magnetischen Kolben zusammen, der den äußeren Plasmarand definiert, so führt die Wechselwirkung zu einer teilweisen Reflexion des Kolbens. Damit kann das Plasma nicht weiter eingeschlossen werden und zerfällt rasch. Konsistent mit diesem Bild ist die häufige Beobachtung bei Streakaufnahmen an z-Pinchen, daß der Zerfall der dynamischen Phase von einer auswärtslaufenden Dichtefront begleitet ist. Ebenfalls erklärt das Modell, daß das Verhältnis von Anfangsradius zu Endradius bei ähnlicher Stoßwellenstruktur und -geschwindigkeit konstant bleibt, da der durchlaufene Weg der reflektierten Störung sich entsprechend dem Anfangsradius verhält.

14.1. Numerische Rechnungen zum gasummantelten Pinch (Experiment C)

Im Los Alamos Scientific Laboratory werden von mehreren Autoren numerische Studien zum gasummantelten Pinchexperiment C ausgeführt. Das eigentliche Ziel der Rechnungen ist ein Test der MHD-Codes an einer möglichst einfachen Plasmakonfiguration. Das vollständigste Rechenmodell, das von I. Lindemuth [*88*] in zweidimensionaler Form durchgeführt wird, enthält die üblichen MHD-Gleichungen ohne Hallterm. Die Leitfähigkeit beruht sowohl auf Stößen geladener Teilchen, wie auch auf Stößen mit neutralen Partnern. In der Energiebetrachtung sind sowohl Wärmeleitung als auch Energieverluste durch Linien- und Kontinuumsstrahlung berücksichtigt. Für die anfängliche Vorionisierung durch das Laserlicht wird der Strahl nach einer Monte-Carlo-Methode behandelt, die die Winkeldivergenz des Strahlers, den sphärischen Aberrationsfehler der Linse und die Berechnungsindexänderung des Plasmas einschließt. Der äußere Energieversorgungsteil wird realitätsnah als Wellenleiter behandelt, der gleichzeitig mit der Entladung von einem weiteren Kreis aufgeladen wird. Entsprechend dem Experiment kann der vorionisierende Laserstrahl zu einem beliebigen Zeitpunkt während des Aufladens des Wasserkondensators eingeschaltet werden. Ein Vergleich der Bilder 21a und b beweist, daß die makroskopischen Entladungsbedingungen recht gut durch das numerische Modell simuliert werden können. Sowohl der zeitliche Verlauf des Strom- und Spannungssignals als auch die Amplituden werden im wesentlichen richtig beschrieben.
Ein kritischerer Teil des Rechenmodells als diese äußeren Entladungsbedingungen stellen die Plasmaeigenschaften während der Entladung dar. Zunächst kann der aus den Schlierenmessungen bestimmte Plasmakanaldurchmesser mit dem numerisch berechneten verglichen werden. Nach der aus dem Simulationsmodell folgenden Verteilung der

geladenen und ungeladenen Komponenten kann gefolgert werden, daß der experimentell beobachtete Rand des Entladungskanals identisch mit der sich ins Neutralgas ausbreitenden Verdichtungswelle ist. Ein Vergleich zwischen dem experimentell gefundenen Plasmarand mit der Position der neutralen Kompressionswelle liefert eine sehr gute Übereinstimmung, wie Bild 22 zeigt.

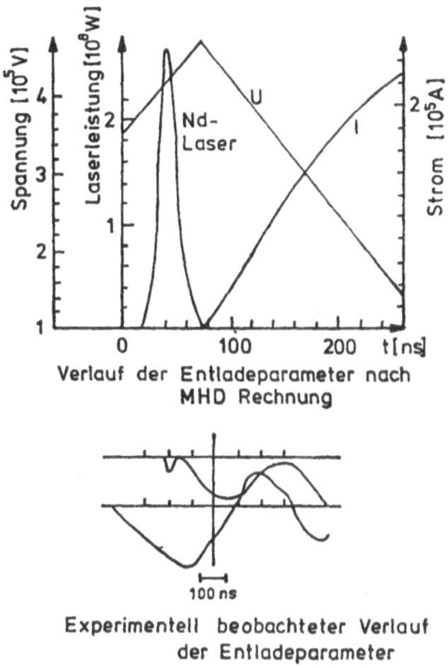

Bild 21a. Berechneter Verlauf der Entladungsspannung und des Entladestromes als Funktion der Zeit (C)
Bild 21b. Experimentell bestimmte Werte der Entladungsspannung und des Entladestromes (C)

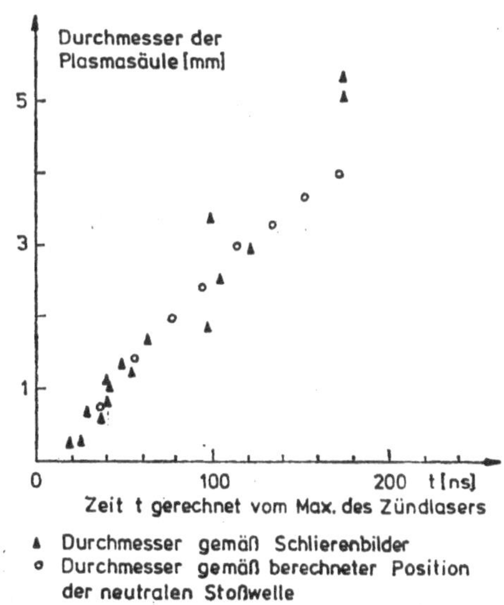

Bild 22. Theoretisch und experimentell bestimmter Verlauf der Plasmaexpansion (C)

Weitere experimentell nachprüfbare Daten sind der zeitliche Verlauf der Elektronentemperatur und der Elektronenzahl, die in den Bildern 23a und b für zwei verschiedene Brennweiten der fokussierenden Linse berechnet wurden. Bei dem experimentell vorgegebenen Fall einer Brennweite von 150 cm steigt die Temperatur stetig bis zum Strommaximum an und erreicht dort Werte von $kT_e \approx 300$ eV. In diesem Parameterbereich sollte eine Temperaturbestimmung durch Röntgenstrahlenanalyse möglich sein.
Wegen der Beschränkung des Rechenmodells auf die Dimensionen in r- und z-Richtung ist eine Beschreibung der in den Schlierenaufnahmen gefundenen kleinskaligen Turbulenzen nicht möglich. Es können nur sausage-Instabilitäten angefacht werden, die laut

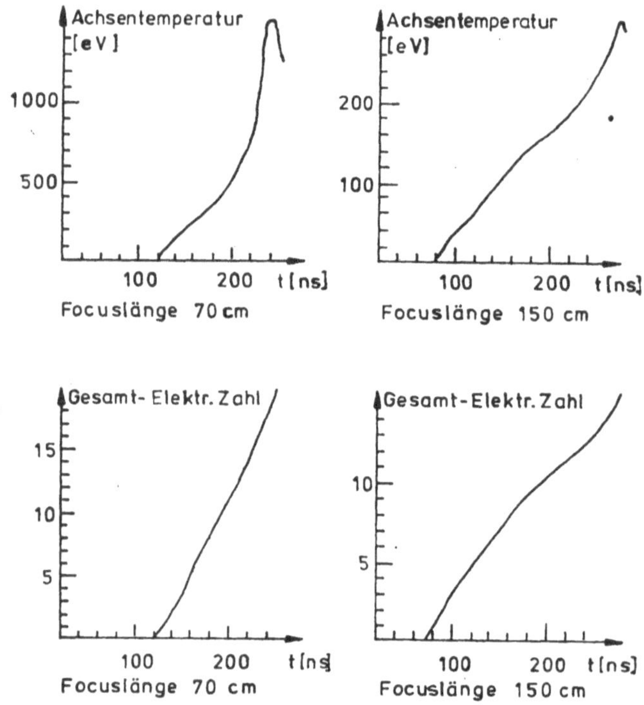

Bild 23a. Berechneter Verlauf der Elektronentemperatur bei der Verwendung verschiedener Laserfokussierungslinsen (C)
Bild 23b. Berechneter Verlauf der Elektronenzahl bei der Verwendung verschiedener Laserfokussierungslinsen (C)

Rechenmodell aber erst nach etwa 100 ns auftreten. Im Gegensatz dazu werden experimentell eher Kinkmoden beobachtet, die schon nach 15 ns hohe Amplituden aufweisen. Ob die rechnerische Beschränkung auf 2 Dimensionen eine starke Änderung der wesentlichen Plasmaeigenschaften bedingt, soll in den folgenden Messungen analysiert werden.

14.2. Bestimmung der Elektronentemperatur

Elektronentemperaturen von etwa 150–200 eV, wie sie vom Simulationsmodell vorhergesagt werden, können aus der Untersuchung der Röntgenstrahlung bestimmt werden. Hierbei wird wieder die Kontinuumsstrahlung vermessen, und zwar der exponentiell nach kurzen Wellenlängen hin abfallende Teil. Das Maximum der Emissivität wird bei der Photonenenergie von $h\nu = 2kT$ erreicht. Durch die Wahl von Metallfiltern kann der beobachtete Spektralbereich so eingeengt werden, daß der steil abfallende Teil der

Emissivität leicht vermessen werden kann. Bei den von uns durchgeführten Beobachtungen trugen zur spektralen Selektion sowohl das Wasserstoffgas im Entladungsraum (3 atm, 48 cm Länge) als auch ein wenige tausend Ångström dickes Aluminiumfenster bei. Durch Einfügen einer kleinen Blende im Strahlengang wird der Sehbereich auf etwa 1 cm Länge der Plasmasäule eingeschränkt. Es wird damit vermieden, daß Röntgenstrahlen von den Elektroden registriert werden.

In Entladungen des Füllgases Wasserstoff werden, wie theoretisch erwartet, Röntgenstrahlen beobachtet, deren Stärke mit einer Elektronentemperatur von $kT_e \approx 100$ eV vereinbar ist. Bei anderen Arbeitsbedingungen sowie schon beim Zusatz von 1% CH_4 wird keine Röntgenstrahlung mehr registriert, wahrscheinlich weil die von schwereren Atomen absorbiert wird. Im Gegensatz zur Stärke der Röntgenstrahlung stimmt der zeitliche Verlauf etwas schlechter mit den theoretischen Vorhersagen überein. Erwartet wird ein Emissionsmaximum etwa beim maximalen. Stromfluß; beobachtet wird hingegen ein erstes ausgeprägtes Maximum etwa 20—50 ns nach Entladungsbeginn gefolgt von einer schwächeren Emission bis zum Strommaximum. Bisher ist nicht verstanden, welcher Prozeß das frühe Emissionsmaximum verursacht. Eine Erklärungsmöglichkeit wäre, daß zu Beginn der Entladung Elektronen im axialen elektrischen Feld stark beschleunigt werden (run away Elektronen), so daß die beobachtete Strahlung überthermisch ist. Eine andere Deutung ist, daß in der Anfangsphase der Entladung das Plasma stark aufgeheizt wird. Durch den Einsatz der Instabilitäten wird der heiße Plasmafaden jedoch mit der umgebenden kälteren Korona verstärkt durchmischt, so daß die Zentraltemperatur absinkt. Damit würde infolge der Turbulenz das Plasma eine geringere Maximaltemperatur annehmen als aus dem Rechenmodell vorhergesagt wird.

14.3. Bestimmung der Elektronendichte

Die Teilchendichte im gasummantelten Pinch C wurde aus der sichtbaren Kontinuumsstrahlung gewonnen, ähnlich wie bei Pinch A beschrieben. Die Absolutierung der Apparatur erfolgte im Spektralbereich zwischen 400 nm und 700 nm mit einer Wolframbandlampe. Das Meßergebnis bei Einsatz der Arbeitsgase Wasserstoff und Stickstoff ist in Bild 24 für einen Entladungszeitpunkt von 300 ns nach Entladungsbeginn wiedergegeben. Es fällt auf, daß die spektrale Steigung der Lichtemission proportional zu $1/\lambda^2$

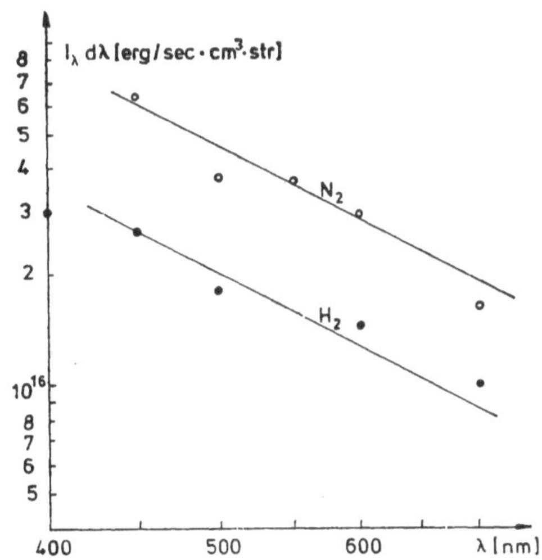

Bild 24. Spektraler Verlauf der Kontinuumsstrahlung für die Arbeitsgase H_2 und N_2 (C)

abnimmt, was nur damit erklärt werden kann, daß das Plasma im sichtbaren Spektralgebiet optisch dünn ist. Die beobachtete starke Lichtabschwächung in den Schlierenaufnahmen (siehe Kap. 7.2.) bei $\lambda_0 = 6943$ Å und $\lambda_1 = 3472$ Å kann, wie früher erwähnt, also nur durch die Lichtablenkung an Dichtegradienten gedeutet werden.
Zur Dichteberechnung kann ein Temperaturwert von $kT_e = 100$ eV angenommen werden, der aus der Röntgenstrahlanalyse nahegelegt wird. Für das Arbeitsgas Wasserstoff ergibt sich damit eine Elektronendichte von $2{,}5 \cdot 10^{19}\,\mathrm{cm}^{-3}$, die nahezu über die Entladungszeit konstant bleibt. Dieser Wert entspricht etwa 1/6 der eingefüllten Dichte. Bei der in den Schlierenaufnahmen beobachteten Ausdehnung des Plasmas fließt also immer etwa 1/6 des eingefüllten Gases durch die expandierende Stoßwellenfront, während 5/6 verdrängt werden.

14.4. Faradayrotationsmessungen

Zum Verständnis der Entladung im gasummantelten Pinch ist es von Wichtigkeit, die bei den Schlierenaufnahmen beobachteten Instabilitäten näher zu analysieren. So erheben sich z. B. die Fragen: Sind die beobachteten dichteren Strukturen auch gleichzeitig die stromführenden Kanäle, so daß sie eine interne Kinkinstabilität darstellen, oder fließt der Strom an der Oberfläche der Säule und repräsentieren die Streuzentren unmagnetisierte Instabilitäten? Zur Beantwortung dieser Fragen wurde versucht, die Magnetfeldverteilung im Plasma über Faradayrotation zu messen. Die Faradayrotation,

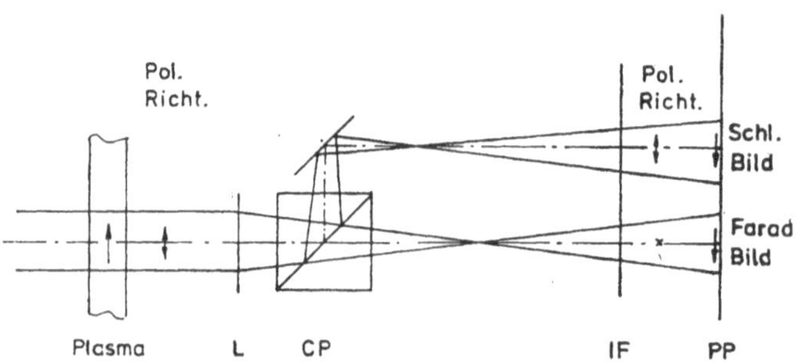

Bild 25. Aufbau zur Faradayrotationsmessung (C)

d. h. die Drehung der Polarisationsebene, ist im Plasma dem Produkt aus der Elektronendichte und der Magnetfeldstärke entlang dem Sehstrahl proportional. Der von uns verwandte Meßaufbau ist in Bild 25 dargestellt. Ein linear polarisierter Laserstrahl durchsetzt das Plasma. Das Bild des Plasmas wird über die Linse L wie bei der Schlierenmessung auf eine photographische Platte geworfen. Ein dahinter geschaltetes Calcitprisma (C.P.) teilt den ankommenden Laserstrahl in zwei Strahlen auf, deren Polarisationsrichtungen senkrecht aufeinander stehen. Da auch bei diesen Aufnahmen die Strahlablenkung an den internen Plasmastrukturen ein dominierender Effekt ist, können Aussagen über die Faradayrotation nur im Zusammenhang mit einer gleichzeitigen Schlierenaufnahme gemacht werden. Daher werden beide vom Prisma weggehenden Strahlen im weiteren möglichst symmetrisch behandelt. Der am Prisma reflektierte Strahl besitzt nahezu die gleiche Polarisationsrichtung wie das einfallende Licht; dieser Lichtweg erzeugt daher ein Schlierenbild vom Plasma. Die Polarisationsrichtung des durchgehenden Lichtes ist um 86° gegen die des einfallenden gedreht, so daß deren Intensität durch das Prisma stark abgeschwächt wird. Durch geeignete Filter wird die Lichtstärke beider Strahlen der Filmempfindlichkeit angepaßt. Ein Interferenzfilter

vor der photographischen Platte verhindert eine Filmbelichtung durch das intensive Plasmalicht.
Ist im Plasma eine Magnetfeldkomponente in Richtung des Laserstrahles vorhanden, so wird die Polarisationsrichtung etwas gedreht. Dies hat zur Folge, daß der durchgehende Lichtstrahl je nach Drehrichtung verstärkt oder abgeschwächt wird, während der reflektierte Strahl praktisch unbeeinflußt bleibt. Der geringe Voreinstellwinkel von 4° erwies sich als notwendig, um die Faradaydrehung gegen den dominierenden Effekt der Lichtablenkung sichtbar zu machen. Bild 26 gibt eine typische Aufnahme gemäß dem Meßaufbau wieder. Das untere Bild repräsentiert dabei den Einfluß von Faradayrotation plus Lichtablenkung während das obere Teilbild nur den Anteil der Lichtablenkung widerspiegelt. Wie bei den früher behandelten Schlierenaufnahmen findet

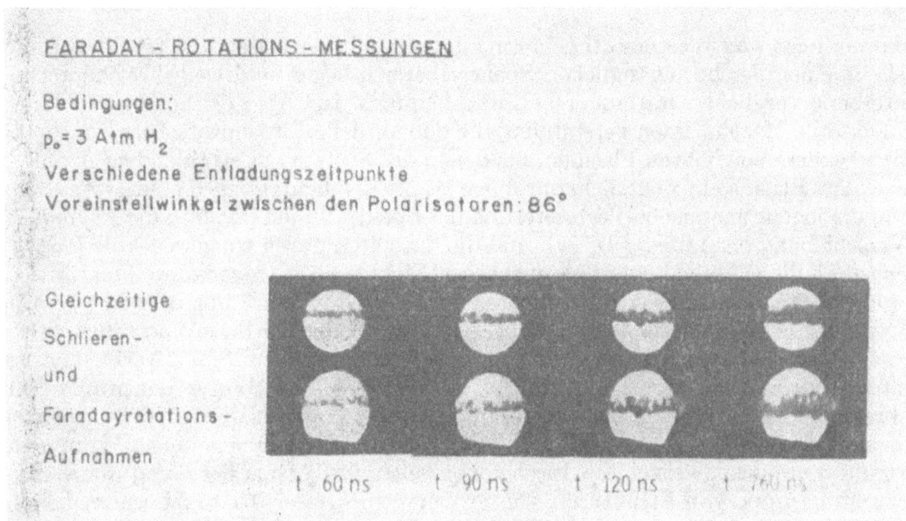

Bild 26. Gleichzeitige Schlierenaufnahme und Faradayaufnahme bei 3 atm H_2 (C)

man auch hier eine starke Reduktion der Transmission innerhalb der Säule; jedoch ist ebenfalls deutlich sichtbar, daß parallel zu den im Schlierenbild sichtbaren Strukturen das untere Teilbild deutliche Aufhellung aufweist, was anzeigt, daß dort starke Magnetfelder vorhanden sein müssen. Den entsprechenden Effekt der zusätzlichen Reduktion des Lichtes durch die Faradayrotation kann wegen der schon dominierenden Abschwächung durch Lichtablenkung nicht beobachtet werden. Die starke Lichtablenkung macht auch eine quantitative Auswertung der Aufnahmen unmöglich. Qualitativ ergibt sich aber, daß fast immer interne Strukturen von Magnetfeldern begleitet sind. Das kann am besten dadurch interpretiert werden, daß der in den Schlierenaufnahmen gefundene turbulente Kanal dem stromführenden Faden gleichzusetzen ist. Bei der beobachteten Instabilität sollte es sich also um interne Kinkmoden handeln.
Aus den bisherigen Messungen kann gefolgert werden, daß die Simulationsrechnung in 1. Näherung recht gut den Plasmazustand im gasummantelten Pinch wiedergibt. Durch die Beschränkung des Modells auf zwei Dimensionen können jedoch die inneren Strukturen nicht vorhergesagt werden. Die Anfachung dieser Turbulenz verstärkt wahrscheinlich die Durchmischung der heißen stromführenden Plasmaschicht mit der kälteren Korona und führt somit zu einer nicht rechnerisch erfaßten zusätzlichen Abkühlung des Zentralteils. Eine andere Möglichkeit, die Diskrepanz zwischen den theoretischen Vor-

hersagen und den Messungen zu erklären, besteht darin, daß die Anfangsaufheizung durch die Laserstrahlung nicht richtig rechnerisch erfaßt wird. Da eine Variation der Anfangswerte starke Änderungen während der späteren Entladungszeitpunkte bedingen, wird versucht, den Neodymlaserstrahl transversal einmodig zu gestalten. Damit sollten experimentelle und theoretische Randbedingungen besser zur Deckung gebracht werden können. Die Untersuchungen an diesem Pinch sind noch nicht abgeschlossen, so daß dieses Bild noch einen vorläufigen Charakter besitzt.

15.1. Untersuchung der H_α-Linie (Experiment A)

Die Balmerlinien von Wasserstoff gehören zu den am intensivsten untersuchten Linien, weil sie in einem leicht zugänglichen Spektralbereich liegen und weil ihre theoretische Beschreibung verglichen mit anderen Linien ‚einfach' ist. Aber dennoch sind bis jetzt noch nicht alle Mechanismen verstanden, die das aktuelle Linienprofil bestimmen; dies gilt insbesondere bei dichten Plasmen, bei denen das System aus strahlendem Atom und umgebendem Plasma ein Vielteilchenproblem ist. Zu den heutzutage diskutierten Fragen gehören die ionendynamische Verbreiterung der Spektrallinien [*89, 90*], die Asymmetrie und Verschiebung der Linien [*91, 92*], und die Satelliten durch Quasimoleküle [*93*]. Für wasserstoffähnliche Ionen kommt als wichtiger Effekt noch die sogenannte Polarisationsshift [*60, 94*] hinzu. Bei Elektronendichten von der Größenordnung $10^{18}\,\mathrm{cm}^{-3}$ beträgt die Breite der H_α-Linie etwa 100 Å; die übrigen Mitglieder der Serie sind schon so weit verbreitet, daß sie dem Kontinuum zugeordnet werden müssen. Somit verbleiben vom gesamten Wasserstoffspektrum nur die H_α-, L_α- und L_β-Linien. Wegen der großen Halbwertsbreite der Linien können Details im Linienprofil beobachtet werden, deren spektrale Breite weniger als 1% der Gesamtlinienbreite beträgt. Es ist uns gelungen, zum ersten Mal Strukturen nachzuweisen, die durch Ionenwellen im Plasma hervorgerufen werden. Eine zweite Gruppe von Strukturen von größerer spektraler Weite ist wahrscheinlich durch hochfrequente elektrostatische Wellen im Plasma bestimmt. Verglichen mit ‚normalen' Plasmen ist in dem hier gegebenen Fall der Einfluß der Wellenfelder auf das Linienprofil recht groß. Dies wird verständlich, wenn man die Größenordnung des quasistatischen elektrischen Feldes $\bar{F}_p$ und des Wellenfeldes $\bar{F}_w$ abschätzt. Das mittlere quasistatische Teilchenfeld ist für ein Wasserstoffplasma von 10^{18} Elektronen pro cm^3 und einer Temperatur von $kT = 10\,\mathrm{eV}$ gegeben durch

$$\bar{F}_p = 8{,}8 \cdot e \cdot N_e^{2/3} = 1{,}3 \cdot 10^6\ \mathrm{V/cm}$$

und das mittlere Wellenfeld durch

$$\bar{F}_w = (kT/3\pi\lambda_D^3)^{1/2} = 1{,}1 \cdot 10^5\ \mathrm{V/cm}.$$

Hierbei bedeutet λ_D den Debyeradius. Ein Vergleich beider Werte zeigt, daß die mittlere Feldstärke, die durch die statistisch unabhängigen Teilchen gegeben ist, nur eine Größenordnung höher ist als die Feldstärke, die durch kollektive Prozesse hervorgebracht wird. Damit ist zu erwarten, daß die Linienverbreiterung nicht nur durch die statistisch unabhängigen Felder bestimmt wird, wie meist in den Linienverbreiterungstheorien angenommen, sondern zum Teil auch durch die kollektiven Felder. Im Gegensatz zu den quasistatistischen Feldern sind den kollektiven Feldern charakteristische Frequenzen zuzuordnen, die etwa bei der Elektronen- und Ionenplasmafrequenz liegen. Die spektral zerlegte elektrische Feldstärke ist daher zumindest bei der Elektronenplasmafrequenz durch die kollektiven Felder bestimmt. Die thermisch angeregte Feldstärke der

Ionenwellen bei gleicher Elektronen- und Ionentemperatur ist vergleichsweise gering [95]. Geht man jedoch davon aus, daß im Plasma ionenakustische Turbulenzen angeregt sind, wie aus den Infrarotmessungen nahegelegt wird (Kap. 11), so können im Frequenzbereich von ω_{pi} die kollektiven Ionenfelder dominieren.

15.2. Meßaufbau

Die H_α-Spektrallinie wird bei einem Fülldruck von 0,5 Torr H_2 durchgeführt, was in der Kompressionsphase einem Plasma mit einer Elektronendichte von $2 \times 10^{18}\,cm^{-3}$ und einer Elektronentemperatur von 7 eV entspricht. Die Messung erfolgt in senkrechter Richtung zur Entladungsachse. Die spektrale Auflösung beträgt in einer ersten Reihe 2 Å im Zentrum und 5 Å bzw. 10 Å auf dem ferneren Linienflügel. Zur Verbesserung der Korrelation wird der Zentralteil der Linie mit einem achtkanaligen Polychromator (Kanalbreite entspricht 0,2 Å) vermessen, der überlappend spektral verschoben wird.
Die optische Dicke auf der Linienkuppe wird durch Vergleich mit einem schwarzen Strahler zu kleiner als $\tau_0 < 0{,}1$ abgeschätzt. In einem nur wenige Ångström breiten Zentralteil der Spektrallinie spielt die Selbstabsorption eine wesentliche Rolle. Es wird gezeigt, daß aus einer Analyse dieser Teile die Magnetfeldstärken in der absorbierten Schicht gemessen werden können.

15.3. Globale Eigenschaften der H_α-Linie

Die zeitliche Entwicklung der H_α-Linie ist in Bild 27 wiedergegeben. Von 800 ns vor der maximalen Kompression wächst die Intensität der Linie bis zur maximalen Kompression an. Gleichzeitig vergrößert sich die Halbwertsbreite der Linie von etwa 50 Å auf etwa 100 Å. Im Zentrum der Linie ist eine nur wenige Å breite Selbstumkehr der Linie zu beobachten, die zu frühen Zeiten der Entladung ausgeprägter ist als etwa bei der maximalen Kompression. Ein Vergleich mit einer Wasserstoffspektrallampe zeigt, daß das Absorptionsminimum die Lage des unverschobenen H_α-Linienzentrums wiedergibt. Es fällt auf, daß bezüglich dieses Absorptionsminimums die rote Seite der Linie stärker ist als die blaue. Dies ist darauf zurückzuführen, daß die Linie zur roten Seite hin verschoben ist. In dem folgenden Abschnitt wird diese Rotverschiebung näher untersucht. Bei der groben Betrachtung der H_α-Linie fallen weiterhin eine Reihe von Strukturen auf der Linienkontur auf. Diese Strukturen, die nicht rein statistischer Natur sind, werden ebenfalls im folgenden näher analysiert.
Bevor wir jedoch diese Untersuchungen durchführen, soll aus der Linienbreite die Elektronendichte bestimmt werden. Bei diesem Vorhaben beachten wir in erster Näherung nicht eine mögliche physikalische Bedeutung der ‚Strukturen', sondern wir behandeln sie als statistische Abweichung von einem glatten Linienprofil. Die Bestimmung der Elektronendichte erfolgt durch Minimalisierung der Chi-Quadrat-Funktion.

$$\chi^2 = \frac{1}{n} \Sigma \frac{\big(I(\lambda) - f(\lambda_i\, A, B, N_e, \lambda_0)\big)^2}{\sigma^2(\lambda)}.$$

Hierbei bedeuten: n die Zahl der Freiheitsgrade, das ist in diesem Fall die Zahl der spektralen Meßpunkte minus der Zahl der anzupassenden Parameter; $I(\lambda)$ ist die Intensität bei der Wellenlänge λ; $f(\lambda_i A, B, N, \lambda_0)$ ist die theoretische Lichtemissionsfunktion, die durch Variation der Parameter A, B, N und λ_0 die χ^2-Funktion zu minimalisieren gestattet; $\sigma(\lambda)$ ist die Varianz an den Meßpunkten λ. Zur Lichtemission des Plasmas in der

Nähe der H_α-Linie trägt sowohl die Kontinuumsstrahlung als auch die Linienstrahlung bei. Wir beschreiben daher die theoretische Lichtemission als

$$f(\lambda; A, B, N_e, \lambda_0) = A \cdot \lambda^{-2} + B \cdot \lambda^{-6} \cdot G(N_e, \lambda - \lambda_0).$$

Der erste Summand der Gleichung repräsentiert den Kontinuumslichtanteil und der zweite den Anteil der H_α-Linie. Die Funktion $G(N_e, \lambda)$ ist eine Spline-Darstellung der tabellierten Werte der H_α-Funktion nach Griem [96]. N_e bedeutet die Elektronendichte

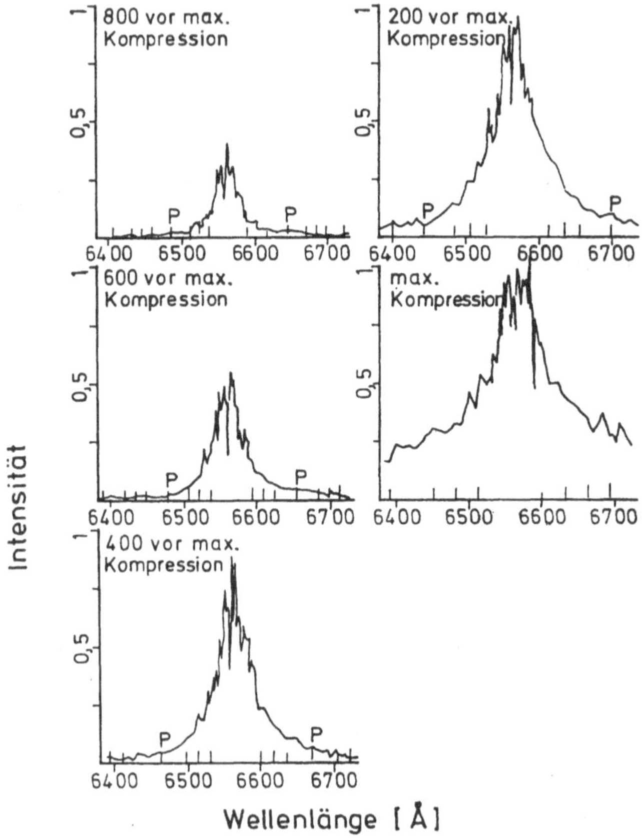

Bild 27. Sequenz der H_α-Linienentwicklung für verschiedene Zeiten der Entladung (A)

und λ_0 die Größe der Linienverschiebung. Die Werte A und B, die der Größe des Kontinuumslichtes und der Linie proportional sind, hängen im Prinzip von der Elektronendichte, der Elektronentemperatur und von der effektiven Kernladungszahl des Plasmas ab; es sind also keine völlig unabhängigen Parameter. Da jedoch einerseits die Zahl der Parameter nicht verändert wird und zusätzlich die Größe von B durch die unsichere Annahme über ein lokales thermodynamisches Gleichgewicht erfolgt, wurde anstelle eines komplizierten Zusammenhanges zwischen $A = A(N_e, Z_{\text{eff}}, T_e)$, $B = B(N_e, T_e)$ die einfache Darstellung für die Funktion $f(\lambda; A, B, N_e, \lambda_0)$ gewählt. Durch Minimalisierung der χ^2-Funktion ergeben sich also die Werte der Elektronendichte und der Linienverschiebung. Der zeitliche Verlauf der Elektronendichte ist in Bild 28 aufgezeichnet. Während der Anfangsphase der Entladung repräsentiert die berechnete Elektronendichte die des Kolbens, etwa ab 200 ns vor der maximalen Kompression wird die der zentralen Plasmasäule angezeigt. Nach Bild 28 steigt die Elektronendichte bis zur maximalen Kompression hin an. Es wird ein Maximalwert von $2 \cdot 10^{18}$ cm^{-3} erreicht. Dieser Wert stimmt gut mit demjenigen überein, der aus der Kontinuumsmessung gefunden wurde. Dies zeigt, daß die übliche Stoßtheorie für das gemittelte Profil hinreichend gut anwendbar ist.

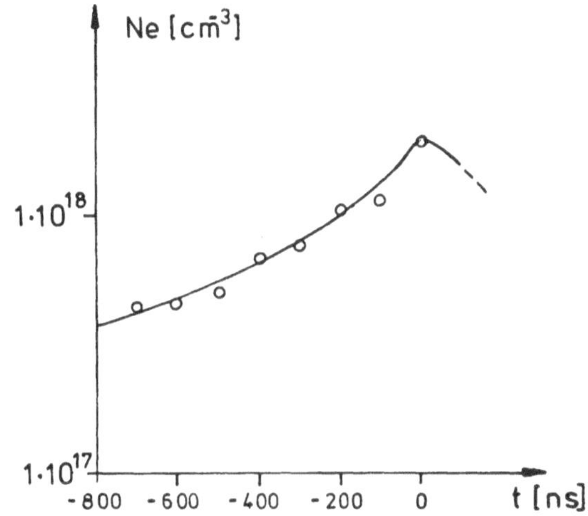

Bild 28. Teilchendichte als Funktion der Zeit gemäß der H_α-Linienverbreiterung (A)

15.4. Die Linienverschiebung

Für Linienasymmetrie und Linienverschiebung in Plasmen kommen mehrere Mechanismen in Frage. Eine der trivialen Ursachen ist nach Griem [81] die Abhängigkeit des Emissionskoeffizienten von der Frequenz. Diesem Effekt ist durch den Faktor λ^{-6} in der Anpassungsfunktion $f(\lambda; A, B, N_e, \lambda_0)$ Rechnung getragen. Da dieser ‚triviale' Mechanismus immer eine Blauverschiebung liefert, ist die beobachtete Linienverschiebung nicht mit diesem Effekt zu erklären.

Eine weitere Ursache für Linienverschiebungen stellt der Dopplereffekt dar. Bei einer zylindersymmetrischen Bewegung eines optisch dünnen Plasmas sollte jedoch hier die Linie symmetrisch bleiben. Aus der Größe der Konvergenzgeschwindigkeit des Plasmas ergibt sich für den vorliegenden Fall nur eine Linienaufspaltung von etwa 1 Å, die bei der vorgegebenen Linienbreite nicht beobachtbar ist.

Für Wasserstofflinien liefern die Stoßtheorien und die ‚Unified Theory' keine Linienverschiebung. Ebenfalls ist die Polarisationsverschiebung auszuschließen, die zumindest in niedriger Näherung nur für Ionenlinien zu erwarten ist.

Bei der beobachteten Linienverschiebung sollte es sich also um einen Effekt höherer Ordnung im Sinne der Störungstheorie handeln. Es gibt nur vergleichsweise wenige Theorien zu diesem Problemkreis: Die Theorie von Sholin bzw. Sholin und Demura [91] führt die Rotverschiebung der H_α-Linie auf den Quadrupoleffekt zurück, der in dichten Plasmen von Bedeutung ist, da der Atomabstand gering und damit der Gradient der elektrischen Feldstärke am Ort des strahlenden Atoms groß ist; nach der Theorie von Bacon [91] rührt die Linienverschiebung vom Stoßparameter her. In diesem Modell sind alle Multipole bei der Wechselwirkung des freien Elektrons mit dem strahlenden Atom sowie die Zeitordnung berücksichtigt. Explizit liefert die Quadrupoltheorie eine Verschiebung von $\Delta\lambda/\text{Å} = 7 \cdot 10^{-18} \cdot N_e/[\text{cm}^{-3}]$; nach der Theorie von Bacon ist die Linien-

verschiebung sowohl von der Dichte (linear) als auch von der Temperatur abhängig. Beide Theorien ergeben für die Dichte- und Temperaturbedingung des vorgegebenen Plasmas etwa gleiche Werte, so daß eine Entscheidung zwischen beiden Theorien nicht gefällt werden kann.
Experimentell folgt durch Minimalisierung der Chi-Quadratfunktion eine Abhängigkeit der Linienverschiebung von der Elektronendichte wie in Bild 29 dargestellt ist. Dazu ist die theoretische Kurve nach Sholin und Demura eingezeichnet. Innerhalb der Meßfehler liefern die Theorie und das Experiment übereinstimmende Ergebnisse. Für eine Entscheidung zwischen den beiden konkurrierenden Theorien müßte die Messung bei verschiedenen Temperaturen durchgeführt werden.

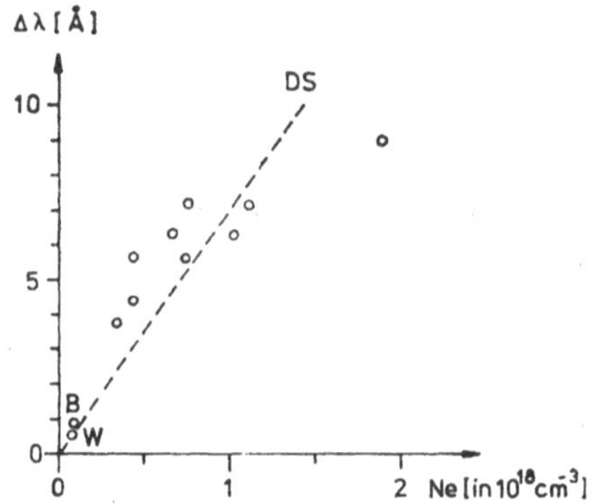

Bild 29. Verschiebung der H_α-Linie als Funktion der Elektronendichte (A)

Die Verschiebung der H_α-Linie ist schon in früheren Experimenten von den Gruppen Birkeland und Wiese [92] ausgemessen worden. Diese Ergebnisse wurden an einem Bogenplasma gewonnen, dessen Dichte etwa eine Größenordnung geringer ist als bei dem hier behandelten Plasma. Die in diesen Experimenten gewonnenen Ergebnisse sind ebenfalls in die Bild 29 eingezeichnet, und zwar ist der Meßwert von Birkeland mit *B* und der von Wiese mit *W* gekennzeichnet. Innerhalb der Fehlergrenzen sind auch diese Werte mit den von uns gefundenen konsistent.

15.5. Spektral weite Strukturen auf der H_α-Linie

Als Ursache von ‚Strukturen' auf Wasserstoff-Spektrallinien kommen neben dem Dopplereffekt vor allem Wellenfelder in Frage. Da die spektrale Breite der ‚Strukturen' schmal gegen die Starkbreite der Linie ist, fällt die Plasmabewegung als Grund für die Variationen auf dem Linienprofil aus. Nach einigen Theorien [97] erzeugen Wellenfelder Maxima auf dem Profil an Stellen, deren Wellenlänge $\Delta\lambda$ vom Zentrum gleich

$$\Delta\lambda = \lambda_0^2 \nu / c$$

oder harmonisch davon ist, wobei λ_0 die Zentralwellenlänge der Linie bedeutet und ν die typische Frequenz des Wellenfeldes. Für ein Plasma sind maximale Wellenfeldamplituden in der Nähe der Plasmafrequenz zu erwarten, also in einem spektralen Abstand von

$$\Delta\lambda_e[\text{Å}] = 129 \cdot \sqrt{N_e/10^{18}\,\text{cm}^{-3}} \quad \text{(Elektronenplasmawelle)}$$

$$\Delta\lambda_i[\text{Å}] = 3{,}0 \cdot \sqrt{N_i/10^{18}\,\text{cm}^{-3}/\mu} \quad \text{(Ionenplasmawelle)}.$$

Es bedeuten hierbei N_e bzw. N_i die Elektronen- bzw. die Ionendichte in cm^{-3}, μ die Ionenmasse bezogen auf die Protonenmasse. Die Werte N_e und N_i sind auf typische Werte für das gegebene Pinchplasma normiert. Die naheliegendste Annahme ist, daß die Modulation auf der Linie durch Elektronenplasmawellen bedingt ist. Es wurde daher aus der Elektronendichte gemäß Bild 28 die Elektronenplasmafrequenz berechnet und aus den so gewonnenen Werten die spektralen Stellen in Bild 27 mit P gekennzeichnet, an denen die ‚Satelliten' erwartet werden. In den meisten Fällen, insbesondere zu frühen Zeiten der Entladung, werden Maxima der Lichtemission an den so berechneten spektralen Positionen gefunden, jedoch in der Nähe der maximalen Kompression ist das Linienprofil so strukturreich, daß eine Identifizierung von Satelliten bei $\Delta\lambda = (\lambda^2_{H_\alpha}/c) \times \nu_{pe}$ zweifelhaft erscheint.

Die stärksten ‚Strukturen' werden weiter zum Zentrum der Linie hin beobachtet, und zwar in der Nähe der Halbwertsbreite der Linie. Eine Theorie, die am ehesten die beobachteten Linienmodulationen beschreibt, wurde von Oks und Sholin *[98]* entwickelt. Bei dieser Modellrechnung wird ein hochfrequentes Wellenfeld mit schnell fluktuierenden Phasenbeziehungen vorausgesetzt. Es werden dann Resonanzen zwischen dem strahlenden Wasserstoffatom und dem Wellenfeld erwartet, wenn der Frequenzabstand vom Linienzentrum gleich

$$\Delta\omega = \left[(n_1 - n_2)_\alpha - \frac{n_\beta}{n_\alpha}(n_1 - n_2)_\beta\right] \Omega_p$$

ist. Es bedeuten hierbei n_α, n_β die obere oder untere Hauptquantenzahl des beobachteten Überganges; n_1, n_2 sind die parabolischen Quantenzahlen des oberen oder unteren Zustandes, und Ω_p ist die typische Frequenz des Wellenfeldes. Für H_α werden demnach Resonanzen bei den Frequenzabständen

$$\Delta\omega = \left\{\frac{1}{3}; \frac{2}{3}; \frac{3}{3}; \frac{4}{3}; \frac{5}{3}; \frac{6}{3}; \frac{8}{3}; \frac{1}{2}; \frac{2}{2}; \frac{3}{2}; \frac{4}{2}; \frac{5}{2}; \frac{6}{2}; \frac{8}{2}\right\} \cdot \Omega_e$$

erwartet, d. h. also in dem Frequenzbereich zwischen $1/3\omega_{pe}$ und $4\omega_{pe}$. Die Kombination mit 7 tritt nicht auf, da die entsprechende Übergangswahrscheinlichkeit gleich Null ist. Im Gegensatz zu den meisten anderen Turbulenztheorien werden nach Oks und Sholin Minima der Lichtemission an den Resonanzstellen vorhergesagt, während zu beiden Seiten davon Maxima auftreten. Die Strukturen sind am ausgeprägtesten dort, wo sich die Linienemission am stärksten spektral ändert, also in der Nähe der Halbwertsbreite. Nach Zhuzhunashvili und Oks *[98]* ist die Breite der Minima durch die Feldstärke E_0 des hochfrequenten Wellenfeldes bestimmt. Es gilt:

$$\Delta\omega^{\text{gap}}_{1/2} = \omega_\nu \varepsilon / \Omega_p$$

$$\varepsilon_\nu = \frac{6ea_0E_0}{8\pi}\left[n_\nu^2 - (n_1 - n_2)_\nu^2 - m_\nu^2 - 1\right]^{1/2}.$$

In Bild 27 sind die von Oks und Sholin postulierten Resonanzstellen eingezeichnet. Da das Spektrum nicht bei einer Entladung aufgenommen wurde, sondern von Entladung zu Entladung spektral abgefahren, bestehen noch Unsicherheiten, ob das beobachtete Spektrum dem Modell von Oks und Sholin entspricht. Von den bisher existierenden Theorien scheint diese Interpretation am naheliegendesten. Vergleicht man weiterhin die Breite der Minima, die etwa typischerweise 10 Å betragen, mit den Werten, die bei Zhuszhunashvili und Oks verwendet werden, so ergibt sich eine hochfrequente elektrische Feldstärke von $4 \cdot 10^5$ V/cm, also ein Wert, der mit unseren früheren Abschätzungen durchaus vergleichbar ist.

Im Prinzip wäre es möglich, daß die Modulationen der Linie durch systematische oder statistische Variationen des Entladungsplasmas hervorgerufen werden können. Durch gesonderte Fluktuationsuntersuchungen konnte aber gezeigt werden, daß statistische Effekte die beobachteten spektralen Strukturen nicht erklären können.

15.6. Der zentrale Teil der H_α-Linie

Zur Untersuchung der spektralen Breite der Strukturen wurde der zentrale Teil der H_α-Linie mit höherer Auflösung und besserer Korrelation von 6540 Å bis 6572 Å analysiert. Hierzu wurde ein achtkanaliger Polychromator soweit spektral verschoben, daß der letzte Kanal der vorherigen Meßbedingung dem ersten Kanal der neuen Einstellung entsprach. Bild 30 zeigt die Meßergebnisse für vier Zeitpunkte der Entladung, nämlich 300 ns (a), 200 ns (b), 100 ns (c) und 0 ns (d) vor der maximalen Kompression. Trotz der erhöhten Korrelation zeigen sich auch unter diesen Meßbedingungen erhebliche spektrale Schwankungen. Man erkennt hier sowohl Strukturen von wenigen zehntel Ångström Breite bis hin zu mehreren Ångström. Das Absorptionsminimum ist bei dieser Meßreihe ausgeprägter als früher, da hier ein längerer Meßstutzen am Glas-Entladungsgefäß benutzt werden mußte. Die rote Seite der Spektrallinie ist deutlich höher als die blaue, was erneut auf die Rotverschiebung der Spektrallinie hindeutet.

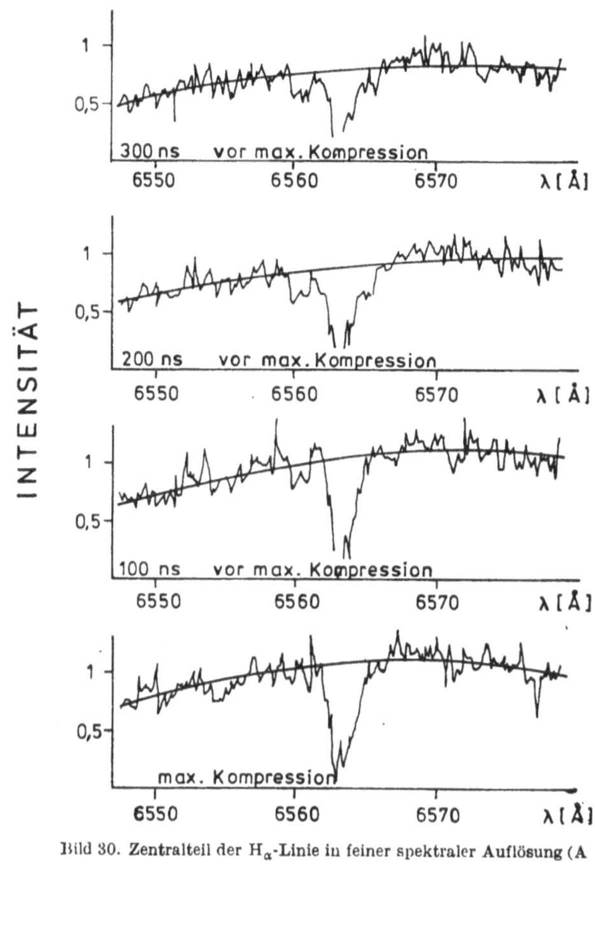

Bild 30. Zentralteil der H_α-Linie in feiner spektraler Auflösung (A

Um bei dieser Messung besser zwischen den statistischen Schwankungen, die durch das Photonenrauschen verursacht sind, und den echten spektralen Strukturen zur unterscheiden, wurde dieser Spektralbereich fourieranalysiert. Bei der Analyse interessieren nur die Abweichungen vom glatten Kurvenverlauf, wie er etwa in der Stoßapproximation berechnet wird. Daher ist es nützlich, die niedrigen Fourierkoeffizienten klein zu halten, indem nur die Differenz zwischen Meßspektrum und der bestangepaßten Parabel transformiert wird. Diese Parabeln sind ebenfalls in Bild 30 eingezeichnet. Das Spektrum des Amplitudenquadrates A_k und B_k, $P(k) = (A_k^2 + B_k^2)^{1/2}$ ist in Bild 51 wiedergegeben. Die Unterbilder 36a, b, c und d sind jeweils den Unterbildern 30a, b, c und d äquivalent. Die Fourierkomponente mit der Wellenzahl k repräsentiert eine Schwankung um die

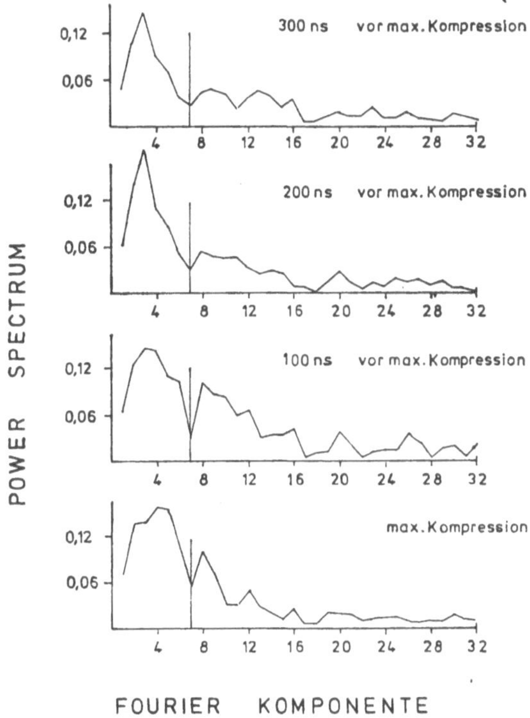

Bild 31. Fouriertransformierte des Zentralteils der H_α-Linie (A)

Parabel mit der Skalenlänge $\Delta\lambda/[\text{Å}] = 32/k$. Gemäß Bild 31 werden maximale Amplituden bei den Fourierkomponenten 2–4 gefunden. Nach einem Minimum bei $k = 7$ folgt ein weiteres relatives Maximum bei den Wellenzahlwerten $k = 8-9$. Zu höheren k-Werten hin fällt das Spektrum mit geringen Modulationen ab. Eine genauere Auswertung ergibt, daß das erste Maximum wesentlich durch das Selbstabsorptionsminimum geformt wird, während der Rest des Spektrums praktisch unbeeinflußt davon ist. Bei der weiteren Auswertung vernachlässigten wir daher das erste Maximum. Das nächste Maximum bei $k = 8$ entspricht einer spektralen Modulation der Linie mit einem Abstand von $\Delta\lambda = 32\,\text{Å}/k = 4\,\text{Å}$. Identifiziert man die Modulation der Linie als Satelliten, die durch elektrostatische Wellen im Plasma hervorgerufen werden, so sollte diesen Wellen eine Frequenz von $\nu = 2{,}6 \cdot 10^{11}$ Hz zugeordnet sein. Als einzige charakteristische Frequenz kommt bei den gegebenen Plasmabedingungen hierfür die Ionenplasmafrequenz in Frage. Aus dem vorgegebenen Frequenzwert berechnet sich eine Elektronendichte von

$1{,}5 \cdot 10^{18}$ cm^{-3}; dieser Wert stimmt recht gut mit demjenigen überein, der aus der Halbwertsbreite der Linie gefunden wurde. Wir interpretieren daher die engskaligen spektralen Modulationen der H_α-Linie als Satelliten, die durch das niederfrequente Wellenfeld verursacht werden. Die Modulationstiefe des Spektrums beträgt gemäß der Fourieranalyse etwa 5%. Bei Wellenzahlen $k > 20$ bleiben die Fourierkomponenten kleiner als 1%.

Das Fourierspektrum ist aus realen Anteilen und Rauschanteilen zusammengesetzt. Um das Rauschen aus dem gemessenen Verlauf der H_α-Linie zu verringern, kann eine ,optimale Filtermethode' im Fourierraum angewendet werden, die von Brault et al. *[99]* entwickelt wurde. Hiernach werden die einzelnen Fourierkoeffizienten mit der Filterfunktion

$$F(k) = \frac{P_0^2(k)}{P_0^2(k) + P_n^2(k)}$$

multipliziert, wobei $P_0^2(k)$ das Amplitudenquadratspektrum der ,wahren' Funktion, $P_n^2(k)$ dasjenige des Rauschens bedeutet. Bei dem vorgegebenen Beispiel ist eine einfache Unterscheidung zwischen ,wahrer' Funktion und Rauschwerten schwierig. Aber dennoch ist das Filterverfahren anwendbar, da es sich um ein optimales Verfahren handelt. Das bedeutet, daß kleinere Abweichungen von der idealen Filterfunktion in 1. Näherung vernachlässigt werden können. Es sind hauptsächlich die Fourierwerte hoher Wellenzahlen vom Rauschen dominiert. Wir reduzieren deren Einfluß dadurch, daß wir folgende stetige Filterfunktion verwenden

$$F(k) = \begin{Bmatrix} 1 \\ [1 - (k - 20)/60] \\ 0 \end{Bmatrix} \quad \text{für} \quad \begin{cases} k < 20 \\ z \leqq k \leqq 80 \\ k > 80. \end{cases}$$

Diese Funktion läßt Fourierwerte bis $k = 20$ unbeeinflußt, reduziert sie dann allmählich bis $k = 80$ und setzt die höchsten Fourierwerte gleich Null. Bild 32 zeigt das so rekonstruierte Spektrum des Beispieles Bild 30 bzw. Bild 31. Es ist deutlich, daß das Rauschen stark reduziert wird und die wirklichen Strukturen klarer zum Vorschein kommen.

Es bleibt noch zu zeigen, daß die beobachteten Strukturen nicht triviale Ursachen haben wie z. B. Absorptions- oder Emissionslinien von Fremdatomen bzw. Molekülen. Für die Absorption kommt hauptsächlich molekularer Wasserstoff in Frage, der praktisch über dem gesamten sichtbaren Spektralbereich ein dichtes Bandenspektrum aufweist. Die Positionen dieser Linien sind in Bild 32 auf der Abszisse aufgetragen. Die Höhe der Striche ist ein relatives Maß der Linienintensität gemäß Crosswhite *[100]*. Zu einer erhöhten Emission könnten Fremdatome oder Ionen beitragen. Die spektralen Positionen dieser Linien sind oben in jedem Unterbild gemäß Striganov *[101]* eingezeichnet. Ein Vergleich zwischen den beobachteten Strukturen und den verschiedenen Linien zeigt manchmal eine Koinzidenz, häufig jedoch nicht. Dies ist bei der Vielzahl der Strukturen und verschiedenen Linien aus statistischen Gründen zu erwarten. Ein wesentlicher Zusammenhang zwischen den ,Strukturen' und Fremdlinien scheint jedoch nicht zu bestehen. Wir nehmen daher an, daß die beobachtete Modulation der H_α-Linie mit Satelliten, die durch ionenakustische Wellen erzeugt werden, real ist.

Ein Vergleich der gemessenen Strukturen mit theoretischen Modellen ist unseres Wissens nach noch nicht durchführbar. In den bisher existierenden Rechnungen tragen ionenakustische Turbulenzen lediglich zur Linienverbreiterung bei *[97, 98]*. Dieser Effekt ist allerdings bei der vorgegebenen Linienbreite nicht beobachtbar. Eine wahrscheinliche Möglichkeit zur Erklärung der engskaligen Strukturen könnte eine ionendynamische Theorie liefern, die bis zur zweiten Ordnung störungstheoretisch durchgeführt wird *[102]*.

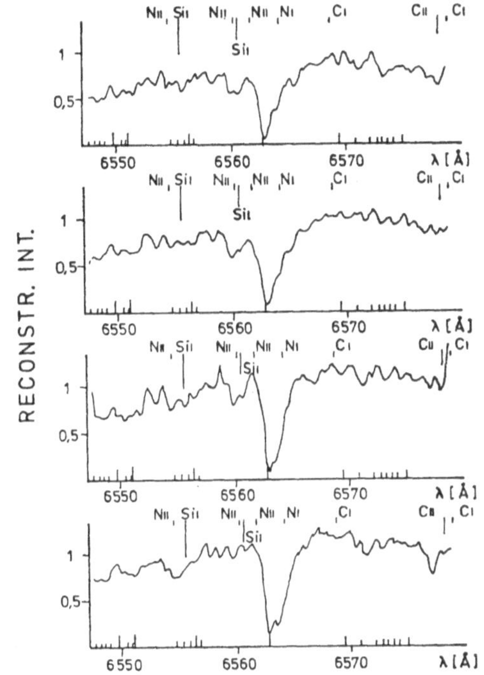

Bild 32. Optimal gefilterter Zentralteil der H_α-Linie sowie Positionen von H_2-Moleküllinien und Verunreinigungslinien (A)

15.7. Messung der Zeemanaufspaltung an der H_α-Linie

Als spektroskopische Methoden zur Bestimmung des Magnetfeldes in Plasmen werden Lichtstreuung [*103*], Faraday-Rotation [*104*] oder Zeeman-Aufspaltung [*105*, *106*] verwendet. Bei Plasmen mit Teilchendichten größer als 10^{17} cm^{-3} wurde unseres Wissens nach ausschließlich die Faradayrotation ausgenutzt [*107*]. Bei dieser Methode ist die Kenntnis der Teilchendichte zur Berechnung des Magnetfeldes notwendig. Es ist daher wünschenswert, für dichte Plasmen eine hiervon unabhängige Meßmethode zu entwikkeln. Wir zeigen am Beispiel der H_α-Linie, daß auch bei sehr breiten Spektrallinien unter günstigen Umständen die Verwendung der Zeemanaufspaltung zur Magnetfeldbestimmung möglich ist.

Bei dichten Magnetoplasmen treten bei der Linienaufspaltung der Starkeffekt und der Zeemaneffekt in Konkurrenz. Die Halbwertsbreite einer Wasserstofflinie wächst einerseits gemäß dem Starkeffekt proportional zu $N_e^{2/3}$ an. Auf der anderen Seite spaltet die H_α-Linie bei hohem Magnetfeld, bei dem die Spin-Bahn-Kopplung gemäß dem Paschen-Back-Effekt vernachlässigt werden kann, in das bekannte Lorentz-Triplet auf, das aus der unverschobenen Zentralkomponente und zwei Komponenten bei $\Delta\omega = \pm\omega_L = \pm 2\omega_{ce}$ besteht. Der relative Einfluß der Starkverbreiterung im Vergleich zur Zeemann Aufspaltung kann anhand des dimensionslosen Parameters E abgeschätzt werden, der für die H_α-Linie geschrieben werden kann als:

$$E = 1{,}54 \cdot 10^{-10} \cdot [N_e[\mathrm{cm}^{-3}]]^{2/3} / B[\mathrm{T}] .$$

Für $E > 1$ dominiert der Starkeffekt; für $E < 1$ der Zeemaneffekt. Will man für ein Magnetfeld von 7 T, das für den gegebenen Pinch typisch ist, die Bedingung $E \leqq 1$ erfüllen, so folgt für die Elektronendichte die Einschränkung $N_e \leqq 9{,}7 \cdot 10^{15}$ cm^{-3}.

Damit wird klar, daß der Zeemaneffekt bei den vorgegebenen Bedingungen nicht an der H_α-Emissionslinie gemessen werden kann. Anders liegen die Verhältnisse im selbstumgekehrten Teil der Linie, der ja dadurch zustande kommt, daß eine kalte Randschicht das emittierte Licht wieder reabsorbiert. Da die Breite der Reabsorptionslinie nur wenige Ångström beträgt, muß die Absorption in einer Schicht mit vergleichsweise geringer Teilchendichte geschehen. Das Magnetfeld des Pinches durchsetzt natürlich auch diesen Bereich des Plasmas, so daß erwartet werden kann, daß unter günstigen Bedingungen aus der Absorptionskontur die Magnetfeldstärke abgeleitet werden kann. Nimmt man der Einfachheit halber an, daß das Plasma aus zwei jeweils homogenen Zonen besteht, nämlich einem inneren heißen und dichten Kern und einer umgebenden kalten und dünnen Korona, so ist folgende Absorptionskontur zu erwarten:

$$I_\lambda \, d\lambda = I_{\lambda c} \, d\lambda \cdot \left\{ \frac{I_{T\text{out}}}{I_{\lambda c}} + e^{-k'(k)\cdot\Delta} \right\}.$$

Hierbei bedeuten $I_{\lambda c}$ die Strahlungsintensität im Zentrum, $I_{T\text{out}}$ der Planckwert der Korona und Δ die geometrische Dicke der Korona. Der Absorptionskoeffizient ist für die H_α-Linie gegeben durch

$$k'[\text{cm}^{-1}] = 1{,}95 \cdot 10^2 \cdot (\tilde{N}_2/\tilde{N}_e{}^{2/3}) \cdot L(\alpha),$$

wobei $\tilde{N}_2$ bzw. $\tilde{N}_e$ die Dichte im Quantenzustand 2 bzw. die Elektronendichte jeweils bezogen auf $10^{18}\,\text{cm}^{-3}$ bedeuten. $L(\alpha)$ ist die Linienverbreiterungsfunktion des üblichen Parameters α. Für nicht zu große Werte der optischen Dicke kann bei $I_{T\text{out}} \ll I_{\lambda c}$ die Absorptionskontur angenähert werden durch

$$I_\lambda \, d\lambda = I_{\lambda c}[1 - k' \cdot \Delta] = I_{\lambda c}[1 - c \cdot L(\alpha)].$$

Dieses Ergebnis zeigt, daß das Absorptionsprofil dem Emissionsprofil in 1. Näherung invertiert ähnlich sieht. Für $E \lesssim 1$ kann erwartet werden, daß aus dem Absorptionsprofil die Magnetfeldstärke bestimmt werden kann. Aus dem einfachen Modell ergibt sich weiterhin, daß die Methode nur anwendbar ist, wenn die Absorptionslinie gut ausgeprägt ist und die Breite von der Größenordnung der Larmorfrequenz ist. Wenn nämlich die Selbstumkehr der Linie vernachlässigbar ist, so gilt $1 \gg k' \cdot \Delta = CL(\alpha)$; d. h., der reabsorbierte Lichtanteil ist zu schwach um gegen den starken Lichthintergrund analysiert werden zu können. Wenn hingegen die Selbstumkehrbreite der Linie erheblich größer als ω_L ist, so ist im interessierenden Spektralbereich die optische Dicke so groß, daß eine Rückführung der Absorptionslinie auf ein Emissionsprofil schwierig wird.

Von entscheidender Bedeutung zur Analyse des Magnetfeldes ist nach dem bisher Gesagten die Betrachtung der Linienverbreiterungsfunktion $L(\alpha)$. Das Problem der Bestimmung von $L(\alpha)$ bei Kombination des Stark- und Zeemaneffektes wurde von NGUYEN et al. [*106*] gelöst. Weist das statische Magnetfeld in z-Richtung, so treten zwei verschiedene Linienverbreiterungsfunktionen $L(\alpha)$ auf, nämlich einmal diejenige mit der Polarisationsrichtung parallel zum Magnetfeld $L_{OZ}(\alpha)$ und zum anderen diejenigen mit der Polarisationsrichtung senkrecht zum Magnetfeld $L_{OX}(\alpha) = L_{OY}(\alpha)$. Wie aus der Behandlung des einfachen Zeemaneffektes zu erwarten ist, weist $L_{OZ}(\alpha)$ nur ein zentrales Maximum auf, während $L_{OX}(\alpha)$ und $L_{OY}(\alpha)$ bei genügend kleiner Dichte ($E \ll I$) zwei Maxima bei $\pm\omega_L$ zeigen. Für $E > 1$ nähern sich beide Linienverbreiterungsfunktionen der üblichen Stoßverbreiterungsfunktion.

Von NGUYEN et al. wurden nicht die polarisierten Linienverbreiterungsfunktionen tabelliert, sondern entsprechend ihrer experimentellen Anordnung unpolarisierte. Es sind dies einmal diejenige, die in Richtung des Magnetfeldes beobachtet wird $L_\| = 1/2[L_{OX}$

$+ L_{OY}]$, und zum anderen diejenige, die senkrecht zum Magnetfeld gefunden wird

$$L_{\perp} = \frac{1}{4}\,[L_{OX} + 2L_{OZ}] = \frac{1}{2}\,[L_{OY} + L_{OZ}].$$

Bei den von uns durchgeführten Messungen wurde der Zentralteil der H_α-Linie in zwei zueinander senkrechten Polarisationsrichtungen ausgemessen; d. h., es wurden die Linienverbreiterungsfunktionen L_{OZ} und L_{OY} bestimmt, wenn ox als Beobachtungsrichtung definiert wird. Ein Zusammenhang zwischen den von uns untersuchten Linienprofilen und demjenigen von Nguyen berechneten kann leicht hergestellt werden, da die

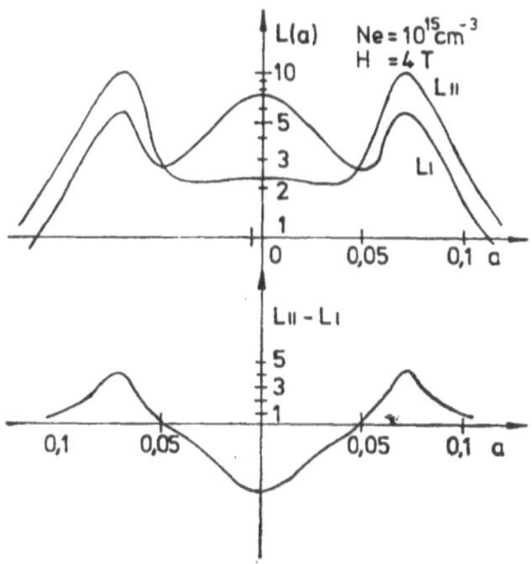

Bild 33a. Linienverbreiterungsfunktion für die Kombination aus Zeeman- und Starkeffekt bei Beobachtung entlang ($L_{\parallel}$) oder senkrecht ($L_{\perp}$) zum Magnetfeld

Bild 33b. Differenz aus $L_{\parallel}$ und $L_{\perp}$

Differenz beider Profilwerte identisch ist [*108*]. Ein typisches Beispiel für die Linienprofilfunktion $L_{\parallel}$ und $L_{\perp}$ sowie für deren Differenz ist in Bild 33 wiedergegeben. In der Differenz werden die typischen Maxima bei $\Delta\omega = \pm\omega_L$ deutlich.

Im Vergleich zu diesen theoretischen Werten seien die Ergebnisse der Messungen am selbstumgekehrten Teil der H_α-Linie wiedergegeben. Nach Bild 34 zeigt die Differenz zwischen der Lichtintensität parallel $I_{\parallel}$ und senkrecht $I_{\perp}$ zum Magnetfeld zwei deutliche Maxima bei $\pm 1{,}5$ Å vom Linienzentrum. Berechnet man aus diesem Wert das azimutale Magnetfeld, so ergibt sich eine Größe von 7,4 T, was typischerweise für die gegebenen Bedingungen zu erwarten ist.

Es muß jedoch gesagt werden, daß diese Auswertung des Absorptionsminimums nicht für alle Zeiten der Entladung möglich war. Es zeigte sich vielmehr, daß kurz nach Ent-

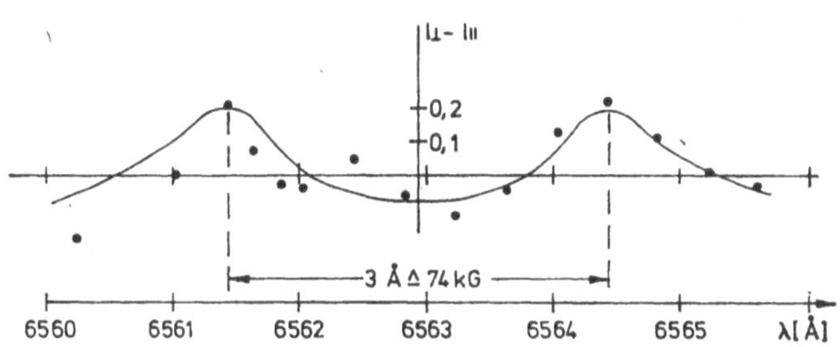

Bild 34. Auswertung des selbstumgekehrten Teils der H_α-Linie (A)

ladungsbeginn die Absorptionslinie zu breit war und die Selbstumkehr zur Zeit der maximalen Kompression zu gering. Damit konnte die angegebene Zeemananalyse nur im Zeitintervall von 0,8—0,4 μs vor der maximalen Kompression durchgeführt werden. Aber trotz dieser Einschränkung haben wir gezeigt, daß in dichten Plasmen auch bei breiten Spektrallinien eine Zeemanmessung zur Magnetfeldbestimmung erfolgreich durchgeführt werden kann.

16. Lichtstreuung an dichten Plasmen

(Experiment B)

In einem engen Zusammenhang mit der Analyse der H_α-Strahlung stehen Streulichtmessungen am dichten Pinchplasma. Das Ziel dieser Arbeit ist die Untersuchung des Thomson-Streulichtes und des Rayleigh-Streulichtes. Aus dem absolut vermessenen Thomson-Anteil können die wichtigen Plasmaparameter Dichte, Elektronentemperatur und Ionentemperatur abgeleitet werden. Die Theorie der Thomsonstreuung ist in dem vorgegebenen Parameterbereich wohl entwickelt. Anders verhält es sich mit der Rayleigh-Streuung, die in diesem Falle nicht den Grundzustand des Wasserstoffatoms als Ausgangsniveau besitzt sondern das Niveau $n = 2$. Die Untersuchung der Rayleigh-Streuung am dichten Plasma ist von besonderem Interesse, da die H_α-Linie derart verbreitert ist, daß der Linienflügel bei der Rubinlaserwellenlänge in der Stärke dem Kontinuumslicht vergleichbar ist. Es stellt sich somit die Frage, ob der Wirkungsquerschnitt für die Rayleigh-Streuung durch die starke Verbreiterung der Linie wesentlich vergrößert wird.

Zur besseren Analyse dieses Fragenkomplexes, der den wesentlichen Inhalt einer Dissertation bildet, wurde ein Pinch aufgebaut, bei dem die Elektronentemperatur niedriger liegen sollte als im Pinch A. Durch diese Maßnahme wird das Atomniveau $n = 2$ stärker bevölkert, so daß das Rayleigh-Streusignal soweit angehoben wird, daß es vom stärkeren Thomsonsignal unterschieden werden kann.

Es soll an dieser Stelle nicht der wesentliche Inhalt einer Dissertation vorweggenommen werden. Die wichtigsten bisher erhaltenen Resultate seien daher nur kurz mitgeteilt: Es ist gelungen, die Theorie der Rayleighstreuung auch auf entartete atomare Systeme wie beim Wasserstoff zu erweitern. Es zeigte sich, daß der Wirkungsquerschnitt für Rayleigh-Streuung praktisch solange unverändert bleibt, wie die Streuung im Linienflügel ausgeführt wird. Selbst eine so große Halbwertsbreite der H_α-Linie von etwa 100 Å beeinflußt den Rayleigh-Querschnitt nicht.

Die wesentlichen experimentellen Ergebnisse der Thomson-Streuung sowie der Rayleigh-Streuung sind in Tabelle 7 wiedergegeben. Hierbei bedeuten die beiden ersten Spalten die Meßbedingungen Fülldruck und Zeitpunkt der Streuung bezogen auf die maximale Kompression. Die nächste Spalte zeigt die Temperaturbestimmung aus der Konti-

Tabelle 7

P Torr H_2	t μs	kT_e (cont) eV	kT_e eV	kT_i eV	N_e 10^{17} cm^{-3}	I_R/I_{Th}^t Exp.	I_R/I_{Th}^t Theorie
0,4	0	3,5	5	8	5	0,05	0,010
0,4	0,4	2	4,5	4,5	2,5	0,04	0,008
0,4	1,25	1,4	4	4	1	0,03	0,006
0,4	2,5	1,7	3	5	1	0,03	0,008
0,6	0	2,5	2,5	4,5	7,5	0,06	0,07
0,6	0,4	1,8	3,0	2,5	5	0,02	0,04

nuumsmessung; die Werte für die Elektronentemperatur, Ionentemperatur und Elektronendichte in den folgenden Spalten wurden aus dem Thomson-Streuanteil abgeleitet. In den beiden letzten Spalten schließlich sind experimentelle und theoretische Intensitätswerte des Rayleighlichtes zum Thomsonlicht wiedergegeben. Bei dem Vergleich der Elektronentemperaturen fällt auf, daß die Kontinuumslichtmessungen geringere Werte liefern als die Streulichtmessungen. Dies kann damit erklärt werden, daß wahrscheinlich bei diesem Pinch B das Temperaturprofil zum Rande hin abfällt, so daß die Streulichtmessungen den lokalen Wert auf der Achse liefern, während das Kontinuum eine gemittelte Größe darstellt. In den letzten beiden Spalten ist aufgezeichnet, daß das Rayleighlicht klein verglichen mit dem Thomsonlicht ist. Die Verhältnisse erscheinen zwar durch die unterschiedlichen spektralen Breiten beider Streulichtanteile zuungunsten der Rayleigh-Intensität verzerrt, doch wegen der geringen Rayleighlichtstärke muß dieses experimentelle Ergebnis mit einer Unsicherheit von etwa 50% belegt werden. Trotz dieser Fehlergröße wurde bei geringen Fülldrucken ein signifikant höherer Rayleigh-Streuwert gefunden als theoretisch erwartet wurde. Das deutet darauf hin, daß das Niveau $n = 2$ bis zu einem Faktor 2 überbesetzt sein kann verglichen mit dem thermodynamischen Gleichgewicht. Bei höherer Dichte wird wegen der zunehmenden Stoßfrequenz dieser Effekt nicht beobachtet. Diese Messung steht im Gegensatz zu der Hypothese von NEUFELD *[54]*, der eine zehnfache Überbesetzung des ($n = 4$)-Zustandes bei einer zehnmal höheren Elektronendichte postuliert.

17. Linienmessungen im vakuum-ultravioletten Spektralbereich

(Experiment A)

Die Untersuchungen des VUV-Spektralbereiches seien an dieser Stelle ebenfalls nur kurz abgehandelt, da sie ausführlich in einer Dissertation von G. BERTSCHINGER beschrieben werden. Die Messungen umfassen die einzigen isolierten Wasserstoffresonanzlinien L_α und L_β sowie eine Reihe von Linien von Fremdatomen wie Helium, Bor, Kohlenstoff, Sauerstoff und Stickstoff, die dem Wasserstoffplasma im Prozentbereich beigemischt werden. Während der Entladung durchlaufen die Atome verschiedene Ionisationszustände; zum Zeitpunkt der maximalen Kompression wird meist der heliumähnliche Grundzustand erreicht. Da die Anregungsenergie für heliumähnliche Systeme vergleichweise sehr hoch ist, werden in diesem Quasigleichgewichtszustand Spektrallinien von lithiumähnlichen Ionen beobachtet, bei denen sich die höheren Atomniveaus im partiellen lokalen thermodynamischen Gleichgewicht mit dem Heliumgrundzustand befinden.

In der Nähe einiger dieser Spektrallinien befinden sich sogenannte verbotene Komponenten, für die der Dipolübergang wegen $\Delta l = 0{,}2$ verboten ist. Es handelt sich im wesentlichen um ein Drei-Niveau-System mit gemeinsamem unterem Niveau und erlaubten Übergängen zwischen dem oberen und dem mittleren sowie dem mittleren und dem unteren Niveau. Das Verbot des Überganges zwischen dem oberen und unteren Niveau kann beim Vorhandensein elektrischer Felder aufgehoben werden. Die Stärke der verbotenen Komponenten hängt dann von der Übergangswahrscheinlichkeit zwischen den oberen Niveaus, der elektrischen Feldstärke und invers vom Frequenzabstand zwischen der erlaubten Linie und der verbotenen ab. Die Ausmessung der relativen Höhe der verbotenen Komponente ist bei neutralen Heliumlinien eine häufig verwandte Methode zur Bestimmung der elektrischen Feldstärke.

Für das lithiumähnliche System liegen die atomaren Konstanten ungünstiger, so daß in den meisten Plasmen die Höhe der verbotenen Komponente verschwindend klein ist.

In dichten Plasmen jedoch, wie sie im vorgegebenen Pinch erzeugt werden, ist die Linienbreite der erlaubten Linie so groß, daß die verbotene Komponente im nahen Linienflügel liegt. Es konnte daher gezeigt werden, daß diese Linien auch zur Feldstärkebestimmung in dichten Plasmen herangezogen werden können. Die gemessenen Werte der elektrischen Feldstärke stimmen im Rahmen der Meßgenauigkeit mit der mittleren unkorrelierten Feldstärke überein.
Ein weiterer wesentlicher Teil dieser Dissertation befaßt sich mit der Abelinversion des Kontinuumslichtes und der daraus gewonnenen Elektronendichteverteilung. Bei dieser Behandlung werden die Meßpunkte durch eine Spline-Funktion approximiert. Die Inversion ergibt für die Zeit der maximalen Kompression eine vergleichsweise homogene Dichteverteilung innerhalb der Säule und einen scharfen Abfall zum Rande hin. In der Mitte ist die Verteilung leicht eingesattelt, wie schon in einer früheren Pinchentladung mit Hilfe interferometrischer Methoden (Roberts [*53*]) gefunden wurde. Die Randschicht der Plasmasäule beträgt nur etwa 10% des Durchmessers, so daß das vorgegebene Pinchplasma in guter Näherung als homogen betrachtet werden kann.

18.1. Untersuchung der Wechselwirkung zwischen dichtem Plasma und intensiver Laserstrahlung

(Experiment A)

Die Analyse der Wechselwirkung zwischen CO_2-Laserlicht hoher Leistungsdichte und einem Plasma mit Teilchendichten im Bereich von $10^{19}\,cm^{-3} \geqq N_e \geqq 5 \cdot 10^{17}\,cm^{-3}$ ist ein wichtiges Teilgebiet der Untersuchungen am Pinch A, die in Zusammenarbeit mit der Gruppe B. Kronast durchgeführt werden. Für dieses Vorhaben ist ein Lasersystem in Vorbereitung, das eine Leistung von mehreren Gigawatt bereitstellt. Vor Fertigstellung des komplexen Aufbaus wurden bereits Messungen mit einem einstufigen CO_2-Laser begonnen, der eine Spitzenleistung von 300 MW bei einer Pulsbreite von 50 ns liefert. Ziel des Vorhabens ist die Untersuchung parametrischer Rückstreuinstabilitäten.
Die hier betrachteten parametrischen Prozesse beinhalten den Zerfall einer einfallenden elektromagnetischen Welle in eine elektrostatische Plasmawelle und eine der Einfallsrichtung entgegen laufende elektromagnetische Welle. Sie sind für Laserfusionsexperimente von Wichtigkeit, da sie einen möglichen Verlustmechanismus für die Energieeinkopplung an Pellets bedeuten. Die meisten Untersuchungen zu den parametrischen Prozessen wurden an Laser-Pelletexperimenten ausgeführt. Eine wesentliche Schwierigkeit bei diesen Untersuchungen ist, daß das Plasma und die Rückstreuinstabilitäten durch denselben Laserpuls erzeugt werden. Dadurch ist die Dichteverteilung sehr inhomogen und schwer kontrollierbar, so daß nicht bekannt ist, an welcher Stelle die parametrische Wechselwirkung stattfindet. Aus diesen Gründen ist es wünschenswert, neben den Messungen an ablatierten Plasmen auch solche an einem kontrollierbar vorgegebenen homogenen Plasma durchzuführen. Für derartige Wechselwirkungsexperimente wurden als Plasmaquellen z-Pinche [*71—73, 75, 76, 109*], θ-Pinche [*110*] und Stoßwellenrohre [*111*] verwendet. Vergleichbar mit diesen Aufbauten sind fernerhin noch lasererzeugte Plasmen in Gasen mit [*112*] oder ohne [*113*] Magnetfeld. Die dort beschriebene Rückstreuung wurde auf die Brillouin-Instabilität zurückgeführt. Bei den in Bochum durchgeführten Experimenten bereitet es wegen der hohen Ionentemperatur Schwierigkeiten als Ursache für die Rückstreuung das Anwachsen der ionenakustischen Welle verantwortlich zu machen. Es wird daher besonders der Übergangsbereich von der Instabilität der Quasi-Ionen-Welle zur Ionenschallwelle analysiert.
Der experimentelle Aufbau der Versuchsanordnung ist in Bild 35 wiedergegeben. Der Strahl des CO_2-Laserlichtes wird über die Linse L auf die Achse des Pinches fokussiert.

Die maximale Leistungsdichte beträgt dort etwa 10^{11} W/cm². Ein Teil der ankommenden Laserleistung wird am Strahlteiler ST ausgekoppelt und dient als Monitorsignal. Ähnlich wird ein Teil des am Plasma rückgestreuten Lichtes am Strahlteiler reflektiert und über den Photondragdetektor P.D.2 aufgenommen. Der Pinch wird für diese Untersuchungen bei relativ niedrigen Fülldrucken des Arbeitsgases Wasserstoff betrieben, so daß maximale Elektronendichtewerte zwischen $5 \cdot 10^{17}$ cm^{-3} $\leqq N_e \leqq 5 \cdot 10^{18}$ cm^{-3} erreicht werden. Bei der Wahl dieser Parameter wird die Anregungsbedingung für parametrische Instabilitäten im homogenen Teil des Plasmas erfüllt, nämlich, daß die Frequenz der elektromagnetischen Welle etwas höher als die Elektronenplasmafrequenz liegt. Bei der Verwendung des CO_2-Lasers, der bei der Wellenlänge $\lambda = 10{,}6$ µm emittiert, bedeutet dies, daß die Elektronendichte geringer als $N_\beta \leqq N_{er} = 10^{19}$ cm^{-3} bleiben muß.

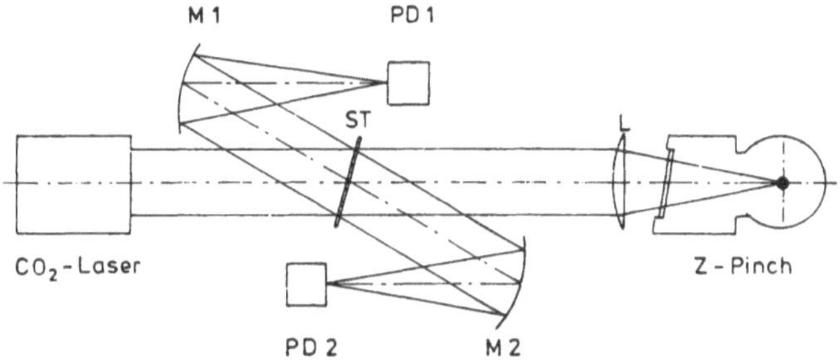

Bild 35. Aufbau des Laser-Plasma-Wechselwirkungsexperimentes (A)

18.2. Meßergebnisse der Rückstreuung

Bild 36 gibt den zeitlichen Verlauf der einfallenden und zurückgestreuten CO_2-Laserstrahlung wieder. Der einfallende Puls, der eine Halbwertsbreite von etwa 50 ns aufweist, ist stark durchmoduliert. Diese zeitliche Variation der Intensität von etwa 50% wird durch die statistische Kopplung mehrerer longitudinaler Moden erzeugt. Rückgestreutes Licht tritt nur zu den Zeiten der Maxima der einfallenden Welle auf. Es ist ein wohldefinierter Schwellwert beobachtbar, der überschritten werden muß, bevor der Rückstreuprozeß angeregt wird. Deshalb tritt jeweils eine unterschiedliche Anzahl an rückgestreuten Pulsen auf, je nachdem wie oft innerhalb eines einfallenden Wellenzuges der Schwellwert überschritten wird. Die zeitliche Breite jedes Einzelpulses ist

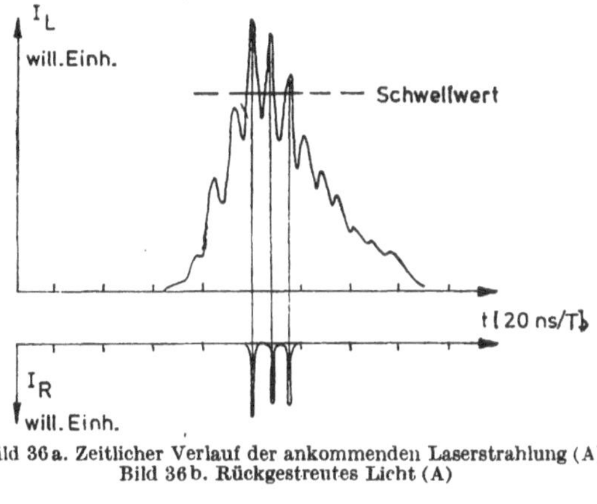

Bild 36a. Zeitlicher Verlauf der ankommenden Laserstrahlung (A)
Bild 36b. Rückgestreutes Licht (A)

geringer als 2 ns; die Zeitauflösung des Detektors bzw. des Oszillographen bestimmt die gemessene Pulsbreite.
Die Größe des Schwellwerts und die Stärke des rückgestreuten Lichtes in relativen Einheiten ist als Funktion der Elektronendichte im Pinch in Bild 37a und b wiedergegeben. Innerhalb der Fehlergrenze der Messung bleibt der Schwellwert für alle Dichten konstant $6 \cdot 10^{10}$ W/cm², während die Intensität der rückgestreuten Strahlung schwach zu kleineren Dichten hin ansteigt.

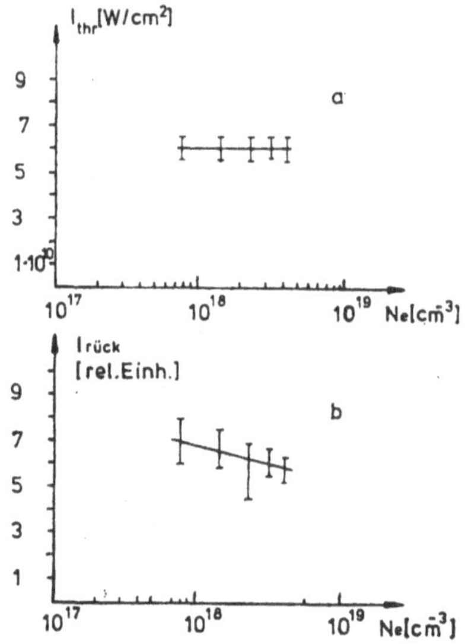

Bild 37a. Schwellwert der Rückstreuung als Funktion des Füllgases (A)
Bild 37b. Intensität der Rückstreuung als Funktion des Einfülldruckes (A)

Für die Untersuchung des Rückstreumechanismus ist die Kenntnis der spektralen Verschiebung des rückgestreuten Lichtes im Vergleich zum einfallenden Licht von Interesse. Wegen der Kohärenz des parametrischen Prozesses müssen für die Frequenzen und Wellenzahlvektoren der einfallenden Welle (Index 0), der rückgestreuten Welle (Index 1) und der dritten an diesem Prozeß beteiligten Welle (Index 2) die Relationen gelten: $\omega_0 = \omega_1 + \omega_2$ und $\boldsymbol{k}_0 = \boldsymbol{k}_1 + \boldsymbol{k}_2$. Bei dem hier beobachteten Rückstreuprozeß gilt fernerhin $\boldsymbol{k}_0 = -\boldsymbol{k}_1$, so daß für die Frequenzverschiebung des rückgestreuten Lichtes im Vergleich zur einfallenden Strahlung folgt $\Delta\nu = \nu_2(2 \cdot k_0)$. Bei dem vorgegebenen Aufbau wurde die rückgestreute Strahlung mit einem 1/4 *m* Spektrographen untersucht. Es wurde festgestellt, daß die Frequenzverschiebung geringer war als durch das Meßinstrument aufgelöst werden konnte; als obere Schranke kann ein Wert von 15 GHz angegeben werden. Aus dieser geringen Frequenzverschiebung ergibt sich, daß es sich bei der dritten am Rückstreuprozeß beteiligten Welle um einen niederfrequenten Typ handeln muß.
Der dominierende Absorptionsprozeß der CO_2-Strahlung durch das Plasma ist in dem hier gegebenen Fall die inverse Bremsstrahlung. Daher kann davon ausgegangen werden, daß die Ionen geringer aufgeheizt werden als die Elektronen. Bei den Untersuchungen mit geringen Elektronendichten, also etwa bei $N_e \approx 10^{18}$ cm^{-3}, sollte die Ionentemperatur Werte von etwa $kT_i \gtrsim 40$ eV annehmen, wie sie durch die Pinchentladung alleine vorgegeben sind. Dementsprechend beträgt die Ionentemperatur bei höheren Dichten etwa 5–10 eV. Die Elektronen hingegen gewinnen durch die inverse Bremsstrahlung

thermische Energie. Die Kenntnis der Elektronentemperatur im Verhältnis zur Ionentemperatur ist wichtig für die Entscheidung, welche Plasmainstabilität an dem parametrischen Rückstreuprozeßen beteiligt ist.
Zur Abschätzung der Elektronentemperatur untersuchten wir nach KUNZE et al. [*114*] die Linienemission von C V-Linien. Die Linien des heliumähnlichen Kohlenstoffs werden erst bei hohen Elektronentemperaturen angeregt, weil die Energielücke zwischen dem Grundniveau und dem 1. angeregten Niveau $\Delta E = 304$ eV beträgt. Die maximale Lichtemission im LTE-Plasma wird bei einer Elektronentemperatur von $kT_e = 55$ eV gefunden; die Linienintensität ändert sich um etwa einen Faktor 2 zwischen 45 eV $\leqq kT_e \leqq 100$ eV. Zu kleineren Temperaturen hin fällt die Emissivität exponentiell ab. Daher liefert die Anregung von C V-Linien eine empfindliche Methode zur Temperaturbestimmung im Bereich $kT_e \leqq 40$ eV.
Für unsere spektroskopischen Messungen wurde der Tripletübergang zwischen $2p^3P - 2s^3S$ bei $\lambda = 2271/2277$ Å sowie die stärkere $4f^3F - 3d^3D$ bei 748 Å herangezogen. Bei der Linie im quarzultravioletten Bereich wurde das Spektrometer so ausgerichtet, daß der Strahl des CO_2-Lasers in Richtung des Sehstrahles fiel, so daß nach Möglichkeit nur der Wechselwirkungsbereich beobachtet wurde. Im VUV-Bereich konnte eine derartige Raumauflösung wegen des Fehlens einer Abbildungsoptik nicht erreicht werden. In allen Fällen wurde die Laserstrahlung zu den Zeiten auf das Plasma fokussiert, bei denen sich die dem Wasserstoffplasma im Prozentbereich beigemischten Kohlenstoffatome im heliumähnlichen Grundzustand befanden. Damit sollte erreicht werden, daß die Signalantwort instantan der Plasmaaufheizung folgte. Aus Messungen an hochangeregten C IV-Linien war bekannt, daß dieser Zustand etwa zum Zeitpunkt der maximalen Kompression bis zum Ende der dichten Phase wesentlich besetzt war.
Die Untersuchungen zeigten, daß bei kleineren Elektronendichten als $N_e < 2 \cdot 10^{18}$ cm^{-3} die C V-Linien nicht das Bremsstrahlungskontinuum überstiegen. Bei höheren Dichten konnten die Linien marginal nachgewiesen werden. Nach L. J. SUTER [*114*] ist daraus zu folgern, daß bei kleineren Dichten die Elektronentemperatur im Mittel geringer als $kT_e = 40$ eV bleibt, während bei höheren Fülldrücken etwa dieser Wert erreicht wird.
Nicht auszuschließen ist ferner allerdings die Möglichkeit, daß die Aufheizung im Wechselwirkungsvolumen nur für Zeiten erfolgt, die erheblich unter 1 Nanosekunde liegen; solche Änderungen sind mit den vorhandenen Mitteln zur Zeit nicht nachweisbar.

18.3. Diskussion der Rückstreuergebnisse

Abschätzungen über den Temperaturanstieg des Plasmas bei Einfall der CO_2-Laserstrahlung sind analytisch kaum durchführbar. In der Literatur sind einige numerische Rechnungen zu diesem Problem veröffentlicht, jedoch liegen in den meisten Fällen die bei uns experimentell vorgegebenen Randbedingungen weit von den dort verwandten Parametern entfernt. Vergleichsweise nahe kommt eine zweidimensionale Plasmasimulation zum Problem der Aufheizung eines Gas-Target-Plasmas [*115*]. In dieser Studie wird ein CO_2-Laserstrahl von 0,1 GW, einer Pulslänge von 40 ns und einer Strahltaille von 125 μm sowie ein kaltes Ausgangsplasma von $9 \cdot 10^{18}$ Elektronen pro cm^3 vorgegeben. Als Ergebnis der Rechnungen steigt die Elektronentemperatur innerhalb von 20 ns auf etwa maximal $kT_e \approx 55$ eV an, während die Ionentemperatur einen Wert von etwa $kT_i \approx 30$ eV erreicht.
Bei diesen vorgegebenen Anfangswerten weicht nur wesentlich die Elektronendichte von unseren experimentellen Bedingungen ab. Die niedrigere Elektronendichte würde einerseits dazu führen, daß die Laserenergie auf weniger Teilchen verteilt wird, daß also die zu erwartende Temperatur erhöht wird. Dieser Effekt wird jedoch andererseits dadurch überkompensiert, daß die Absorption quadratisch mit der Elektronendichte

ansteigt. Eine einfache Skalierung gemäß diesen beiden Prozessen führt zu

$$N_eT_e/N_{e0}T_{e0} = (N_e^2/T_e^{3/2})/(N_{e0}^2/T_{e0}^{3/2}) \Rightarrow T_e/T_{e0} = (N_e/N_{e0})^{2/5}.$$

Hierbei bedeutet die linke Seite der ersten Gleichung die Zunahme der thermischen Energiedichte relativ zu den vorgegebenen Werten und die rechte Seite die entsprechende Änderung der Absorption. Nach dieser Annahme folgt eine Erniedrigung der Elektronentemperatur entsprechend der Dichteänderung hoch 2/5. Mit dieser Skalierung sind die beobachteten Elektronentemperaturwerte von etwa $kT_e \approx 40$ eV bei den höheren Dichten und geringeren Werten bei kleineren Dichten plausibel. Nimmt man das Resultat der früheren Messungen hinzu, daß bei geringen Dichten die Ionentemperatur ebenfalls etwa $kT_i \approx 40$ eV beträgt, so ergibt sich als eine Randbedingung für den Rückstreuprozeß $T_e/T_i \approx 0(1)$. Zu den höheren Dichtewerten hin wird der Wert 1 überschritten, während er bei Teilchendichten von etwa 10^{18} cm^{-3} unterschritten wird.

Die zweite wesentliche Randbedingung ergibt sich aus der spektralen Analyse der Rückstreuung, nämlich daß die Frequenz der Plasmawelle geringer als etwa 15 GHz bleiben muß. Als dritte Bedingung folgt endlich aus den Magnetfeldmessungen, daß der homogene Plasmainnenbereich magnetfeldfrei ist, daß also magnetfeldbestimmte Wellen für den parametrischen Rückstreuprozeß ausgeschlossen werden können. Damit ist die am parametrischen Prozeß infrage kommende Plasmawelle eingeschränkt auf die ionenakustische Welle bei den höheren Dichten falls $T_e/T_i > 3$ ist bzw. Ionenquasiwellen bei den geringeren Dichten, bei denen wegen $T_e \approx T_i$ die ionenakustische Welle infolge der hohen Landaudämpfung nicht angefacht werden kann.

Es bleibt zu zeigen, daß der beobachtete Schwellwert der Rückstreuung von $6 \cdot 10^{10}$ W/cm^2 verträglich ist. Nach B. I. Cohen und C. E. Max [*116*] gilt für den Schwellwert der konvektiven Brillouininstabilität $\gamma_0^2 \geqq \gamma_s \cdot \gamma_t$ mit $\gamma_0^2 = k_0^2 v_0^2 \omega_{pi}^2 / 8 k_0 C_s \omega_0$. Es bedeuten dabei γ_s bzw. γ_t das Dämpfungsdekrement der Schallwelle bzw. der rückgestreuten elektromagnetischen Welle; $v_0 = eE_0/m_e\omega_0$ die Geschwindigkeit der Elektronen im Laserlicht. Das Dämpfungsdekrement für eine elektromagnetische Welle der Kreisfrequenz ω_0 kann aus dem Absorptionskoeffizienten für inverse Bremsstrahlung abgeleitet werden, der bei $v_0 < v_{te}$ gegeben ist durch [*117*]

$$\gamma_t = ck = \frac{\nu_{ei}}{z} \left(\frac{\omega_p}{\omega_0}\right)^2 \cdot \left[1 - \left(\frac{\omega_{pe}}{\omega_0}\right)^2\right]^{-1/2}.$$

Dabei ist k der Absorptionskoeffizient, ν_{ei} die Elektronen-Ionen-Stoßfrequenz und ω_{pe} die Plasmafrequenz. Für $\omega_{pe} \ll \omega_0$ kann die Relation vereinfacht werden zu $\gamma_t = (\nu_{ei}/2) \times (N_e/N_{ec})$ mit der cut-off-Dichte N_{ec}, die für das Laserlicht gleich $1 \cdot 10^{19}$ cm^{-3} ist. Normiert man die verschiedenen Parameter auf die typischen Werte des Pinchexperimentes, nämlich $\tilde{T} = T/40$ eV, $\tilde{N}_e = N_e/10^{18}$ cm^{-3}; $\tilde{J} = J/6 \cdot 10^{10}$ W/cm^2, so folgt für die Schwellwertbedingung:

$$\gamma_0^2 = 5{,}18 \cdot 10^{19} \cdot \tilde{N}_e/\tilde{T}$$

$$\gamma_t = 3{,}2 \cdot 10^9 \tilde{N}_e/\tilde{T}^{3/2} \Rightarrow \gamma_s \leqq 1{,}6 \cdot 10^{10} \tilde{T}_e/\tilde{N}_e.$$

Diese Formel ist sowohl gültig für die Brillouininstabilität als auch für die induzierte Streuung an Ionen. Der Unterschied zwischen beiden Fällen liegt nur in der Wahl des Dämpfungsdekrementes, das für die Ionenschallwellen das Maximum aus Ionen-Ionen-Stoßfrequenz und Landaudämpfung ist, während es für die erzwungenen Ionenwellen gleich dem Maximum aus Ionen-Ionen-Stoßfrequenz und Ionenschallfrequenz zu setzen ist [*116*]. Aus diesem Vergleich ersieht man, daß die Brillouinstreuung und die induzierte Comptonstreuung an Ionen formal gleichgesetzt werden kann, indem die Landaudämpfung der Ionenschallwelle für $T_e \sim T_i$ gleich der Wellenfrequenz gesetzt wird. Vergleicht man bei kleinen Dichten die theoretisch erwartete Größe von γ_s mit dem Wert der Schallfrequenz

$$\gamma_s \approx (T_e/T_i)\,\omega_s(2k_0) = 7 \cdot 10^{10} \cdot (T_e/T_i) \cdot \sqrt{\tilde{T}}$$

und der Ionen-Ionen-Stoßfrequenz $\nu_{ii} = 9{,}5 \cdot 10^8\, \tilde{N}_e/\tilde{T}_i^{3/2}$, so ergibt sich eine bessere Übereinstimmung für $\gamma \approx \omega_s$ wie auch bei etwa gleicher Ionen- und Elektronentemperatur erwartet werden kann. Die Diskrepanz eines Faktors 4 zwischen dem theoretisch erwarteten Dämpfungsdekrement und dem experimentell bestimmten kann durch die Summe der möglichen Fehler bei der Bestimmung des Fokusdurchmessers und der Elektronen- und Ionentemperatur im Fokus erklärt werden. Damit haben wir gezeigt, daß bei den geringeren Dichten die Rückstreuung durch induzierte Comptonstreuung an Ionen gedeutet werden kann.
Nach den experimentellen Messungen wächst bei Übergang von kleinen zu höheren Dichten die Elektronentemperatur im Wechselwirkungsbereich an, wohingegen gleichzeitig die Ionentemperatur abfällt. Die damit verbundene Verringerung der Landaudämpfung erklärt, daß der Schwellwert der Rückstreuung bei Erhöhung der Dichte konstant bleiben kann. Falls schließlich $T_e/T_i > 3$ wird, findet ein kontinuierlicher Übergang von den Quasi-Ionen-Moden zu gewöhnlichen Ionenschallwellen statt. Damit sollte bei niedriger Dichte der Rückstreuprozeß als induzierte Comptonstreuung und bei höherer Dichte zunehmend mehr als Brillouinstreuung gedeutet werden.

19. Entwicklungsmöglichkeiten des z-Pinches

Die Untersuchungen an den verschiedenen Aufbauten haben gezeigt, daß der z-Pinch, zumal bei hohen Fülldrücken, auch heutzutage noch vielseitige Forschungsobjekte bereitstellt. Das gilt sowohl für den Pinch als spektroskopische Lichtquelle als auch für die fusionsorientierte Forschung. In der Spektroskopie sind während der nächsten Jahre die Studien der ionendynamischen Effekte bei Wasserstoffresonanzlinien und bei wasserstoffähnlichen Linien zum Verständnis der Linienverbreiterung von Wichtigkeit. Nachdem bisher die meisten Untersuchungen auf diesem Gebiet an Bogenplasmen mit Elektronendichten von etwa 10^{17} cm^{-3} ausgeführt wurden, sollte ein Schritt zu Experimenten mit 10^{18}—10^{19} cm^{-3} erfolgen. Wegen der guten Reproduzierbarkeit des Entladungsplasmas könnte der z-Pinch hier einen geeigneten Aufbau darstellen, falls es gelingt, den Einfluß der Selbstabsorption im Zentrum der Resonanzlinien zu vermindern. Im gleichen Dichtebereich sind auch Studien von Linienasymmetrien und Linienverschiebungen sowie von dielektronischen Satelliten von Bedeutung zur Beantwortung fundamentaler Fragen in der Spektrallinientheorie.
Nach neueren Rechnungen bietet der z-Pinch auch eine Alternative als mögliches Fusionsexperiment, und zwar sowohl in der Form des gasummantelten Pinches als auch in der des kollabierenden dynamischen Pinches. Beim gasummantelten Pinch wird die erhöhte Stabilität dadurch erkauft, daß die Heizung des Plasmas nur über dem ohmschen Widerstand erfolgen kann.
Der dynamische Pinch bietet neben der Einfachheit der Anordnung den Vorteil, daß während der gesamten Implosionsphase magnetische Energie in mechanische umtransformiert werden kann, die im Kollapszeitpunkt bei genügend hohen Teilchendichten thermalisiert wird. In Los Alamos wurden zu einem geplanten Aufbau eines dynamischen Pinches von 2 cm Länge und einem Anfangsdurchmesser von 10 cm Simulationsrechnungen durchgeführt, die den vorhandenen Energieversorgungsteil berücksichtigen. Die maximal gespeicherte Spannung des Wasserkondensators wird mit 500 kV angenommen bei einem Wellenwiderstand von 1 Ω und einer Wellenlaufzeit von 90 ns. Die ersten

Rechenergebnisse deuten an, daß es möglich sein sollte, eine Plasmaschicht mit einer Teilchendichte von $10^{15}-10^{16}$ cm^{-3} während der Implosionsphase auf etwa 10^8 cm/s zu beschleunigen. Im Kollapszeitpunkt steigt die Temperatur für etwa 1 ns auf $kT \approx 10^4$ eV an, wobei maximale Elektronendichten von 10^{21} cm^{-3} erreicht werden sollten. Damit ist das Produkt aus Energieeinschlußzeit und Teilchendichte von der Größenordnung 10^{12} cm^{-3}, einer Größenordnung, die mit den Werten anderer fusionsorientierter Aufbauten vergleichbar ist. Bei ähnlichen Experimenten wurden häufig sausage-Instabilitäten entlang der Achse beobachtet. Diese Instabilitäten begünstigen in diesem Falle wahrscheinlich die Plasmaaufheizung, da der rasche Energieabfluß zu den Elektroden hin über Wärmeleitung verhindert wird.

Literaturverzeichnis

[1] S. GLASSTONE, R. H. LOVBERG, Controlled Thermonuclear Reactions (Van Nostrand, New York, 1960).

[2] W. H. BENNET, Phys. Rev. **45**, 89 (1934).

[3] A. A. WARE, Phil. Trans. Roy. Soc. London **243 A**, No. 863 p. 197 (1951).

[4] S. W. COUSINS, A. A. WARE, Proc. Phys. Soc. **64 B**, 159 (1951).

[5] W. H. BOSTICK, International Journal of Fusion Energy Vol. 1, No. 1, 1977.

[6] M. N. ROSENBLUTH, Report LA-1850 (Los Alamos 1954); M. N. ROSENBLUTH, Report La-2030 (Los Alamos 1959).

[7] H. A. B. BODIN, Atomenergie **19**, 175 (1972).

[8] E. FÜNFER, H. HEROLD, G. LEHNER, H. TUCZEK, C. ANDELFINGER, Z. Naturforsch. **13a**, 524 (1958); H. HEROLD, E. FÜNFER, G. LEHNER, H. TUCZEK, C. ANDELFINGER, Z. Naturforsch. **14 a**, 323 (1959); E. FÜNFER, G. LEHNER, T. TUCZEK, Z. Naturforsch. **15 a**, 566 (1960).

[9] M. A. LEONTOVICH, S. M. OSOVETS, J. Nuclear Energy **4**, 209 (1957).

[10] S. A. COLGATE, H. P. FURTH, Phys. Fluids **3**, 982 (1960).

[11] S. M. OSOVETS, Soviet Physics-JETP **12**, 1, 221 (1961).

[12] S. M. OSOVETS, U. I. SINITSYN, Soviet Physics-JETP **21**, 4, 715 (1965).

[13] S. M. OSOVETS, Soviet Physics-Uspekhi **17**, 239 (1974).

[14] P. R. FORMAN, A. HABERSTICH, H. J. KARR, J. A. PHILLIPS, A. E. SCHOFIELD, Phys. Fluids **14**, 684 (1971).

[15] S. G. ALKHANOV, V. G. BELAN, A. I. IVANCHENKO, V. N. KARASJUK, G. N. KICHIGIN, J. Scientif. Inst. (J. Phys. E) Serie 2 Vol. 1, p. 543 (1968); P. J. TURCHI, W. L. BAKER, J. Appl. Phys. **44**, 4936 (1973); E. J. T. BURNS, J. H. DEGAN, R. H. REINVOVSKY, W. L. BAKER, M. C. CLARK, C. W. McCLENCHAN, Appl. Phys. Letters **31**, 477 (1977); W. L. BAKER, M. C. CLARK, J. H. DEGAN, G. F. KIUTTU, C. R. MC CLENAHAN, R. R. E. REINOVSKY, J. Appl. Phys. **49**, 4694 (1978).

[16] D. MOSHER, S. J. STEPHANAKIS, K. HAIN, C. M. DOZIER, F. C. YOUNG, Ann. N.Y. Acad. Sci. **251**, 632 (1975); P. G. BURKHALTER, C. M. DOUIER, D. J. NAGEL, Phys. Rev. A **15**, 700 (1977); C. M. DOZIER, P. G. BURKHALTER, D. J. NAGEL, S. J. STEPHANAKIS, D. MOSHER, J. Phys. B: Atom. Mol. Phys. **10**, L 73 (1971).

[17] F. C. YOUNG, S. J. STEPHANAKIS, D. MOSHER, J. Appl. Phys. **48**, 3642 (1977).

[18] R. S. POST, D. J. JOHNSON, S. J. STEPHANAKIS, Plasma Physics **20**, 1039 (1978).

[19] T. N. LEE, R. S. ELTON, Phys. Rev. A **3**, 865 (1971); T. N. LEE, Astrophys. J. **190**, 467 (1974); J. L. SCHWOB, B. S. FRAENKL, Phys. Letters A **40**, 81 (1972); M. KLAPISCH, J. L. SCHWOB, B. S. FRAENKL, J. OREG, J. Opt. Soc. Amer. **67**, 148 (1977); R. BEIER, H.-J. KUNZE, Z. Phys. A **285**, 347 (1978); C. R. NEGUS, N. J. PEAKCOCK, J. Phys. D: Appl. Phys. **12**, 91 (1979).

[20] J. SHILOH, A. FISHER, N. ROSTOCKER, Phys. Letters **40**, 515 (1978); P. G. BURKHALTER, J. SHILOH, A. FISHER, R. D. COWAN, J. Appl. Phys. **50**, 4532 (1979); J. BAILEY, Y. ETTINGER, A. FISHER, R. FEDER, Appl. Phys. Letters **40**, 33 (1982); K. H. FINKEN, U. ACKERMANN, Phys. Letters **85 A**, 278 (1981); K. H. FINKEN, U. ACKERMANN, J. Phys. D., in Druck.

[21] F. WINTERBERG, Z. Naturforsch. **32 a**, 840 (1977); F. WINTERBERG, Z. Phys. A, **284**, 43 (1978).

[22] R. Jahn, *Physics of Electric Propulsion* (Mc Graw-Hill, New York 1968); J. Marshall, Phys. Fluids 3, 134 (1960); L. C. Burkhard, R. H. Lovberg, Phys. Fluids 5, 341 (1962); C. W. Mender jr., J. Appl. Physics 42, 5483 (1971); G. J. Pert, Plasma Physics II, 565 (1969); T. M. York, E. K. Stover, Phys. Fluids 17, 127 (1974); K. F. Mc Kenna, T. M. York, Plasma Physics 17, 1 (1975).

[23] J. Benford, B. Ecker, Phys. Rev. Letters 26, 1160 (1971); J. Benford, B. Ecker, Phys. Rev. Letters 28, 10 (1972); T. G. Roberts, IEEE Transactions on Plasma Science PS-3, 216 (1975); J. Benford, J. Appl. Phys. 48, 2320 (1977); J. D. Kilkenny, Plasma Physics 18, 905 (1976).

[24] A. Gattinger, Z. Phys. 254, 424 (1972).

[25] W. Bostick, V. Nardi, W. Prior, J. Choi, P. J. Fillingham, C. Cortese, J. Nuclear Materials 63, 356 (1976).

[26] G. S. Belkin, V. Ya. Kiselev, Soviet Physics-Techn. Phys. 23, 24 (1978).

[27] J. A. Allen, Proc. Phys. Soc. Lond. B 70, 24 (1957).

[28] J. D. Jukes, Harwell Report AERE GP/R 2293 (1958).

[29] W. Köppendörfer, Z. Naturforsch. 16 a, 484 (1961).

[30] C. T. Chang, O. Kofoed-Hansen, Plasma Physics 10, 137 (1968).

[31] D. A. Baker, J. A. Phillips, Phys. Rev. Letters 32, 202 (1973); E. A. Vitalis, Phys. Rev. A 10, 2373 (1974).

[32] B. Ahlborn, M. Salvat, Z. Naturforsch., 22 a, 260 (1966).

[33] D. Potter, Nuclear Fusion, 18, 813 (1978).

[34] Y. Kondoh, K. Hirano, Phys. Fluids, 21, 1617 (1978).

[35] M. G. Haines, J. Phys. D: Appl. Phys., 11, 1709 (1978).

[36] D. A. Tidman, Appl. Phys. Letters, 20, 23 (1971).

[37] W. M. Manheimer, M. Lampe, J. P. Boris, Phys. Fluids, 16, 1126 (1973).

[38] W. M. Manheimer, Phys. Fluids, 17, 1767 (1974); C. W. Hartman, G. Carlson, M. Hoffmann, R. Werner, D. Y. Cheng, Nuclear Fusion, 17, 909 (1977); D. A. Tidman, D. C. Colombant, Jaycor Report No. J 78-1069-TC (1978).

[39] G. O. Spies, Phys. Fluids, 17, 2019 (1974).

[40] L. Turner, Phys. Fluids, 20, 662 (1977).

[41] D. L. Book, E. Ott, M. Lampe, Phys. Fluids, 19, 1982 (1976).

[42] N. L. Roderick, T. W. Hussey, R. J. Faehl, R. W. Boyd, Appl. Phys. Letters, 32, 273 (1978).

[43] K. Fong, B. Ahlborn, Phys. Fluids, 22, 416 (1979).

[44] V. V. Vikhrev, K. G. Gureev, Nuclear Fusion, 17, 291 (1977).

[45] P. F. Ottinger, D. H. Mosher, S. A. Goldstein, Phys. Fluids, 22, 332 (1979).

[46] J. Fukai, E. J. Clothiaux, Phys. Rev. Letters 34, 863 (1975).

[47] J. W. Shearer, Phys. Fluids, 19, 1426 (1976).

[48] W. Frie, H. Maecker, A. Michel, H. Motschmann, H. Schindler, Z. Naturforsch. 16 a, 121 (1961); W. Hertz, Z. Naturforsch. 17 a, 681 (1961); H. Schindler, Z. Naturforsch. 19 a, 697 (1964); W. Hertz, A. Koller, A. Michel, Z. Naturforsch. 19 a, 1089 (1964); A. Böhnlein, Z. Naturforsch. 21 a, 1660 (1966).

[49] H. Zwicker, F. D. Erbslöh, Naturwissenschaften 47, 440 (1960); H. Zwicker, Z. Phys. 177, 54 (1964); H. Zwicker, Z. Phys. 178, 189 (1964); F. D. Erbslöh, Z. Phys. 180, 449 (1964); H. Zwicker, U. Schumacher, Z. Phys. 183, 453 (1965); M. Kaufmann, Z. Phys. 225, 216 (1969).

[50] F. L. Curzon, A. Folkierski, R. Latham, J. A. Nation, Proc. Roy. Soc. A 257, 386 (1960); A. Folkierski, R. Latham, Phys. Fluids 6, 1780 (1963); D. D. Burgess, A. E. Dangor, J. E. Jankins, Brit. J. Appl. Phys. 18, 1281 (1967); P. Choi, A. E. Dangor, A. Folkierski, E. Kahan, D. E. Potter, P. D. Slade, S. J. Webb, Plasma Physics and Controlled Nuclear Fusion Research (Prod. 7th Int. Conf. Innsbruck 1978) Vol. 2 IAEA, Vienna 69 (1979); P. Baldock, P. Choi, A. E. Dangor, A. Folkierski, E. Kahan, D. E. Potter, P. D. Slade, S. J. Webb, to be published.

[51] R. L. Burton, R. G. Jahn, Phys. Fluids. 11, 1231 (1968).

[52] W. Bötticher, Proc. 5th Int. Conf. Ionization Phenomena in Gases, München 1961, North-Holland Publishing Company Amsterdam, Vol. 2, 2182; W. Bötticher, H. Dammann, Z. Naturforsch. 18 a, 580 (1963); O. E. Berge, W. Bötticher, Z. Naturforsch. 19 a, 1460

(1964); W. Bötticher, Z. Naturforsch. **20 a**, 1262 (1965); U. Kogelschatz, W. Bötticher, H. Dammamn, G. Kleist, Z. Naturforsch. **23 a**, 514 (1968); G. Kleist, W. Bötticher, H. Dammann, U. Kogelschatz, Z. Naturforsch. **24 a**, 226 (1969); H. Dammann, H. Kleist, U. Kogelschatz, W. Bötticher, Z. Naturforsch. **24 a**, 1938 (1969).

[*53*] F. L. Curzon, R. L. Churchill, Canad. J. Phys. **40**, 1191 (1962); F. L. Curzon, R. Howard, Nuclear Fusion **3**, 293 (1963); K. Dimhoff, S. Y. K. Tam, Canad. J. Phys. **48**, 884 (1970); C. S. Maclatchy, A. J. Barnard, Canad. J. Phys. **50**, 2475 (1972); D. E. Roberts, Phys. Fluids **15**, 192 (1972); J. M. Preston, F. L. Curzon, Appl. Phys. Letters **26**, 417 (1975).

[*54*] G. Saint-Hilaire, C. R. Neufeld, Optic. Comm. **23**, 401 (1977); J. Mercier, C. R. Neufeld, J. Appl. Phys. **48**, 4498 (1977); C. R. Neufeld, J. Appl. Phys. **50**, 3218 (1979); K. H. Finken, J. Appl. Phys. **50**, 5518 (1979); C. R. Neufeld, J. Appl. Phys. **50**, 5520 (1979).

[*55*] K. Ishii, H. Suemitsu, K. Fukuda, Japan. J. Appl. Phys. **5**, 1235 (1966); K. Ishii, J. Phys. Soc. Japan **26**, 188 (1969); Y. Hashino, J. Suemitsu, K. Fukuda, Japan. J. Appl. Phys. **11**, 710 (1972).

[*56*] D. G. Steel, P. D. Rocket, D. R. Bach, P. L. Colestock, Rev. Sci. Instr. **49**, 456 (1978); D. Duston, P. D. Rocket, D. G. Steel, J. G. Ackenhusen, D. R. Bach, J. J. Duderstadt, Appl. Phys. Lett. **31**, 801 (1977); D. Duston, J. J. Duderstadt, J. Appl. Phys. **49**, 4388 (1978).

[*57*] A. E. Smårs, Ark. Fys. **29**, 97 (1965).

[*58*] D. D. Burgess, J. Cooper, Proc. Phys. Soc. **86**, 1333 (1965); S. S. Chowdhury, J. Phys. B **2**, 1090 (1969); J. E. Jenkins, D. D. Burgess, J. Phys. B **4**, 1353 (1971); D. D. Burgess, C. J. Cairns, J. Phys. B **4**, 1364 (1971); D. D. Burgess, Space Sci. Rev. **13**, 493 (1972); T. Goto, D. D. Burgess, J. Phys. B **7**, 857 (1974); T. G. Goto, D. D. Burgess, J. Phys. B **7**, L 377 (1974); E. A. M. Baker, D. D. Burgess, J. Phys. B **10**, L 177 (1977); C. C. Smith, D. D. Burgess, J. Phys. B **11**, 2087 (1978).

[*59*] H. Ehrich, V. Helbig, J. Phys. B **12**, 1183 (1979).

[*60*] S. Volonté, J. Phys. B **8**, 1170 (1975); S. Volonté, J. Phys. D **11**, 1615 (1978).

[*61*] M. E. Bacon, A. J. Barnard, F. L. Curzon, J. Quant. Spektrosc. Rad. Transfer **18**, 399 (1977).

[*62*] D. Hadžiomerspahić, M. Platiša, N. Konjević, M. Popović, Z. Phys. **262**, 169 (1973).

[*63*] Y. Hashino, Y. Katsuyama, K. Fukuda, Japan. J. Appl. Phys. **12**, 470 (1973); K. Fukuda, H. Suemtsu, M. Ota, Japan. J. Appl. Phys. **13**, 463 (1974); H. Suemitsu, Y. Matsuura, F. Nako, K. Fukuda, Mem. Fac. Engng. Kyoto Univ. **38**, 255 (1976); K. Fukuda, H. Suemitsu, Vth International Conference on Vavuum Ultraviolet Radiation Physics, Monpillier, Vol. III, P 138 (1977).

[*64*] R. Illingworth, J. Phys. D **3**, 924 (1970); R. Illingworth, J. Phys. D **5**, 686 (1972); R. S. Turnball, R. Illingworth, J. Phys. E **9**, 333 (1976).

[*65*] Juh Tzeng Lue, Jen Min Liang, Appl. Phys. Letters **31**, 798 (1977).

[*66*] L. W. Funk, D. M. Camm, F. L. Curzon, J. Phys. E **5**, 941 (1972); J. M. Preston, F. L. Curzon, J. Phys. E **6**, 604 (1973); A. S. Nagvi, J. Phys. D **10**, 1023 (1976); W. A. Woolsey, R. Illingworth, J. Phys. E **5**, 575 (1972); E. Bar-Avroham, A. Fisher, F. Meko, J. Peakock, J. Shiloh, IEEE Plasmas Scienc. PS **6**, 296 (1978).

[*67*] J. W. M. Paul, C. C. Daughney, L. S. Holmes, Nature **223**, 822 (1969); H. Röhr, Z. Phys. **225**, 494 (1969); B. Kronast, Z. A. Pietrzyk, Phys. Rev. Letters **26**, 67 (1971); A. D. Craig, S. Nakai, D. D. R. Summers, J. W. M. Paul, Phys. Rev. Letters **32**, 975 (1974).

[*68*] M. G. R. Phillips, A. A. Pugatschew, J. Appl. Phys. **50**, 5223 (1979).

[*69*] Y. I. Galushkin, V. I. Kogan, Nuclear Fusion **11**, 597 (1971).

[*70*] R. Illingworth, Optic Comm. **23**, 109 (1977).

[*71*] J. J. Turechek, F. F. Chen, Phys. Rev. Letters **36**, 720 (1976).

[*72*] M. J. Forrest, P. D. Morgan, N. J. Peakock, K. Kuriki, M. V. Goldman, T. Rudolph, Phys. Rev. Letters **37**, 1681 (1976).

[*73*] M. S. White, J. D. Kilkenny, A. E. Dangor, Phys. Rev. Letters **35**, 524 (1975); D. R. Gray, J. D. Kilkenny, M. S. White, P. Blyth, D. Hull, Phys. Rev. Letters **39**, 1270 (1977).

[*74*] S. J. Gitomer, D. B. Henderson, Phys. Fluids **22**, 364 (1979).

[*75*] J. Meyer, G. Albrecht, B. Hilko, Phys. Letters **65 A**, 119 (1978).

[76] P. D. ROCKETT, D. G. STEEL, J. G. ACKENHUSEN, D. R. BACH, Phys. Rev. Letters **40**, 649 (1978); J. G. ACKENHUSEN, D. R. BACH, Appl. Phys. Letters **34**, 360 (1979).
[77] K. H. FINKEN, G. BERTSCHINGER, R. S. HORNADY, Z. Naturforsch. **31 a**, 1318 (1976).
[78] L. JONES, A. E. DANGOR, K. H. FINKEN, APS-Tagung, Boston, (1979).
[79] M. G. HAINES, J. Plasma Phys. **12**, part 1, 1 (1974).
[80] F. C. JAHODA, R. A. JEFFRIES, G. A. SAWER, Appl. Opt. **6**, 1407 (1967); F. C. JAHODA, R. E. SIEMON, Los Alamos Report, La-5058-MS, (1972).
[81] H. R. GRIEM, **Plasma Spectrocopy**, Mc Graw-Hill, New York, (1964).
[82] H. BARTELS, Z. Phys. **125**, 597 (1949); **126**, 108 (1949); **127**, 243 (1950); **128**, 546 (1950); **136**, 411 (1953).
[83] K. H. FINKEN, G. BERTSCHINGER, S. MAURMANN, H.-J. KUNZE, J. Quant. Spectrosc. Radiat. Transfer, **20**, 467 (1978).
[84] H. MAGDEBURG, U. SCHLEY, Z. angew. Phys. **20**, 465 (1966).
[85] T. A. EL-KHALAFAWY, A. M. YOUSSEF, A. A. GABR, M. A. BOURHAM, L. G. EL-HAK, A. M. TERNOPOL, Plasma Phys. **19**, 845 (1977); C. A. CHIN-FATT, H. GRIEM, Phys. Rev. Letters **25**, 1644 (1970); C. A. CHIN-FATT, Ph. D.-Thesis, Univ. Maryland (1971).
[86] N. A. KRALL, P. C. LIEWER, Phys. Rev. A **4**, 2094 (1971).
[87] M. NAMBU, P. K. SHUKLA, Phys. Rev. A **20**, 2498 (1979).
[88] I. LINDEMUTH, APS-Tagung, Boston (1979).
[89] K. GRÜTZMACHER, B. WENDE, Phys. Rev. A **18**, 2140 (1978); G. FUSSMANN, J. Quant. Spectrosc. Radiat. Transfer **15**, 791 (1975); G. GRÜTZMACHER, B. WENDE, Phys. Rev. A **16**, 243 (1979).
[90] H. GRIEM, Phys. Rev. A **20**, 606 (1979); R. W. LEE, J. Phys. B **12**, 1145 (1979); J. SEIDEL, Z. Naturforsch. A **32**, 1195 (1977); J. SEIDEL, Z. Naturforsch. A **32**, 1207 (1977).
[91] M. E. BACON, Phys. Rev. A **3**, 825 (1971), M. E. BACON, J. Quant. Spectrosc. Rad. Transfer. **13**, 1161 (1973); A. W. DEMURA, G. V. SHOLIN, J. Quant. Spectrosc. Rad. Transfer **15**, 881 (1975); G. V. SHOLIN, Optics and Spectrosc. **24**, 275 (1969).
[92] W. L. WIESE, D. E. KELLEHER, D. R. PAQUETTE, Phys. Rev. A **6**, 1132 (1972); J. W. BIRKELAND, J. P. OSS, W. G. BRAUN, Phys. Rev. **178**, 368 (1969).
[93] E. A. M. BAKER, D. D. BURGESS, J. Phys. B **12**, 2097 (1979).
[94] J. R. VAN ZANDT, J. C. ADCOCK, H. R. GRIEM, Phys. Rev. A **14**, 2126 (1976); M. NEIGER, H. R. GRIEM, Phys. Rev. A **14**, 291 (1976); J. R. GREIG, H. R. GRIEM, L. A. JONES, R. ODA, Phys. Rev. Letters **24**, 3 (1970); L. A. JONES, J. R. GREIG, T. ODA, H. R. GRIEM, Phys. Rev. A **4**, 833 (1971).
[95] N. A. KRALL, A. W. TRAVELPIECE, *Principles of Plasma Physics*, Mc Graw-Hill, New York 1973.
[96] H. R. GRIEM, *Spectral Line Broadening*, Academic Press, New York 1974; R. W. LEE, J. Phys. B **12**, 1167 (1979).
[97] W. R. RUTGERS, H. W. KALFSBECK, Z. Naturforsch. **30 a**, 739 (1975); TSU-JUE, A. NEE, H. R. GRIEM, Phys. Rev. **A 14**, 1853 (1976); H. CAPES, D. VOSLAMBER, Phys. Rev. A **15**, 1759 (1977).
[98] E. A. OKS, G. V. SHOLIN, Soviet Physics Techn. Phys. **21**, 144 (1976); A. J. ZHUZHUNASHVILI, E. A. OKS, Soviet Physics-JETP **46**, 1122 (1977).
[99] J. W. BRAULT, O. R. WHITE, Astron. and Astrophys. **13**, 169 (1971).
[100] H. M. CROSSWHITE, *The Hydrogen Molecule Wavelength Tables of Gerard Heinrich Dicke*, Wiley-Interscience, New York, 1972.
[101] A. R. STRIGANOV, N. S. SVENTITSKU, *Tables of Spectral Lines of Neutral and Ionized Atoms*, JFI/Plenum, New York (1968).
[102] H. R. GRIEM, private Mitteilung.
[103] L. KELLERER, Z. Phys. **232**, 415 (1970); L. KELLERER, Z. Phys. **239**, 147 (1970); P. CAROLAN, D. E. EVANS, Plasma Phys. **13**, 947 (1971).
[104] P. BOGEN, D. RUSBÜLDT, Phys. Fluids **9**, 2296 (1966).
[105] K. HÜBNER, Z. Naturforsch. **19 a**, 1111 (1964); F. C. JAHODA, F. L. RIBE, G. S. SAWYER, Phys. Rev. **131**, 24 (1963); A. EBERHAGEN, J. M. BERNSTEIN, M. HERMANNSDORFER, Z. Naturforsch. **20 a**, 1375 (1965).
[106] NGUYEN-HOE, H. W., DRAWIN, L. HERMANN, J. Quant. Spectrosc. Rad. Transfer **7**, 429 (1967).

[107] J. A. RAVEN, P. T. RUMBSBY, J. A. STAMPER, O. WILLI, R. ILLINGWORTH, R. THAREJA, Appl. Phys. Letters **35**, 526 (1979); J. A. STAMPER, Phys. Fluids **19**, 758 (1976); S. L. MOTYLEV, P. P. PASHININ, Sov. J. Quantum Electron. **8**, 700 (1978).
[108] K. H. FINKEN, J. Quant. Spectrosc. Rad. Transfer **22**, 397 (1969).
[109] M. J. HERBST, C. E. CLAYTON, F. F. CHEN, Phys. Rev. Lett. **43**, 1591 (1979); G. F. ALBRECHT, Lab. Report 68, Plasma Physics Group, University of British Columbia, May (1979.)
[110] W. T. ARMSTRONG, J. Appl. Phys. **49**, 2566 (1978).
[111] S. J. C. BOSC, P. K. JOHN, W. W. BYSZEWSKI, J. Appl. Phys. **48**, 1946 (1977).
[112] R. S. MASSEY, K. BERGGREN, Z. A. PIETRZYK, Phys. Rev. Letters **36**, 963 (1976); R. G. WATT, R. D. BROOKS, Z. A. PIETRZYK, Phys. Rev. Letters **41**, 170 (1978); R. S. MASSEY, Z. A. PIETRZYK, D. W. SCUDDER, Phys. Fluids **21**, 396 (1978); H. W. HOIDA, G. C. VLASES, Appl. Phys. Letters **33**, 984 (1978); D. DUFRESNE, PH. PINCOSY, J. P. CARESSA, PH. BOURNOT, A. AUTRIC, Rev. Phys. Appliquee **13**, 195 (1978).
[113] N. H. BURNETT, H. A. BALDIS, G. D. ENRIGHT, M. C. RICHARDSON, P. B. CORKUM, J. Appl. Phys. **48**, 3727 (1977); A. A. OFFENBERGER, M. R. CERVENAN, A. M. YAM, A. W. PASTERNAK, J. Appl. Phys. **47**, 1451 (1976); M. R. CERVENAN, A. A. OFFENBERGER, Opt. Comm. **24**, 302 (1978); A. A. OFFENBERGER, A. NG, L. PITT, Phys. Rev. Letters **40**, 873 (1978); A. A. OFFENBERGER, A. NG, M. R. CERVENAN, Canad. J. Phys. **56**, 381 (1978); A. A. OFFENBERGER, A. NG, L. PITT, M. R. CERVENAN, Phys. Rev. A **18**, 746 (1978); A. NG, L. PITT, D. SALZMANN, A. A. OFFENBERGER, Phys. Rev. Letters **42**, 307 (1979); A. NG, D. SALZMANN, A. A. OFFENBERGER, Phys. Rev. Letters **43**, 1502 (1979); J. J. SCHUSS, T. K. CHU, L. C. JOHNSON, Phys. Rev. Letters **40**, 27 (1978).
[114] H.-J. KUNZE, A. H. GABRIEL, H. R. GRIEM, Phys. Rev. **165**, 267 (1968); H.-J. KUNZE, A. H. GABRIEL, H. R. GRIEM, Phys. Fluids **11**, 662 (1968); L. J. SUTER, Lawrence Livermore Laboratories Internal Report, March 1978.
[115] R. D. MILROY, C. E. CAPJACK, J. N. MC MULLIN, C. R. JAMES, Canad. J. Phys. **57**, 514 (1979).
[116] B. I. COHEN, C. E. MAX, Phys. Fluids **22**, 1115 (1979).
[117] A. D. KRUMBEIN, Y. SHIMA, H. YATOM, J. Appl. Phys. **49**, 6167 (1978).

WERNER HOLZMÜLLER

Makromoleküle als Träger von Lebensprozessen

1981. 155 Seiten — 24 Abbildungen — 12 Tabellen — 8° — 20,— M

Bestell-Nr. 7625163 (6597)

Der Autor zeigt, daß Makromoleküle wegen ihrer sehr großen chemischen Variabilität biologische Informationen speichern, übertragen und verarbeiten. Alle Lebensvorgänge, insbesondere auch Denken, Lernen und die Vererbung, sind mit makromolekularen, materiellen Trägern gekoppelt und gehorchen den Grundgesetzen der Chemie und Physik ohne Ausnahme.
Es wird deutlich, daß Makromoleküle geeignet sind, lebensnotwendige Informationen beliebig lange zu speichern, und in geeigneter Umgebung aus eingefrorenen Ungleichgewichten heraus dissipative Systeme (Fließgleichgewichte) bilden können.

Bestellungen durch eine Buchhandlung erbeten

THEORIA CUM PRAXI

AKADEMIE-VERLAG

DDR - 1086 Berlin, Leipziger Str. 3—4

The journal "Progress of Physics" is devoted to the theoretical and experimental study of the fundamental constituents of matter and their interactions, so to elementary particle physics, classical and quantum field theory, theory of gravitation, thermodynamics and statistics, nuclear physics, laser physics, and plasma physics.
The articles should have in general review character.

Manuscripts should be addressed to the Editor-in-Chief of the journal

Prof. Dr. F. Kaschluhn
Sektion Physik der Humboldt-Universität zu Berlin
DDR-1040 Berlin, PSF 1297

or to editors or to members of the Advisory Board.

Terms of subscription for the journal "Progress of Physics"

Orders can be sent

- *in the GDR:* to a book-shop or to the Akademie-Verlag, Leipziger Str. 3–4, PF-Nr. 1233, DDR-1086 Berlin;
- *in the other socialist countries:* to a book-shop for foreign language literature or to the competent news-distributing agency;
- *in the FRG and Berlin (West):* to a book-shop or to the wholesale distributing agency Kunst und Wissen, Erich Bieber OHG, Wilhelmstr. 4–6, D-7000 Stuttgart 1;
- *in the other Western European Countries:* to Kunst und Wissen, Erich Bieber GmbH, Dufourstr. 51, CH-8008 Zürich;
- *in other countries:* to the international book- and journal-selling trade, to Buchexport, Volkseigener Außenhandelsbetrieb der DDR, Postfach 150, DDR-7010 Leipzig, or to the Akademie-Verlag, Leipziger Str. 3–4, PF-Nr. 1233, DDR-1086 Berlin.

Zeitschrift „Fortschritte der Physik"

Herausgeber: Prof. Dr. F. Kaschluhn, Prof. Dr. A. Lösche, Prof. Dr. R. Rompe; Berlin.
Verlag: Akademie-Verlag, DDR-1086 Berlin, Leipziger Str. 3–4;
Fernruf: 2236221 und 2236229; Telex-Nr.: 114420; Bank: Staatsbank der DDR, Berlin, Konto-Nr.: 6836-26-20712.

Chefredakteur: Dr. Lutz Rothkirch
Anschrift der Redaktion: Sektion Physik der Humboldt-Universität zu Berlin,
DDR-1040 Berlin, Hessische Straße 2.

Veröffentlicht unter der Lizenznummer 1324 des Presseamtes beim Vorsitzenden des Ministerrates der Deutschen Demokratischen Republik.

Gesamtherstellung: VEB Druckhaus „Maxim Gorki",
DDR-7400 Altenburg, Carl-von-Ossietzky-Straße 30/31.

Erscheinungsweise: Die Zeitschrift „Fortschritte der Physik" erscheint monatlich. Die 12 Hefte eines Jahres bilden einen Band. Bezugspreis je Band 216,– M zuzüglich Versandspesen (Preis für die DDR: 120,– M). Preis je Heft 18,– M (Preis für die DDR: 10,– M).

Bestellnummer dieses Heftes: 1027/31/1.

AN (EDV) 57618

Contents of the following issues:

Progress of Physics is indexed in
Current Contents/Physical, Chemical & Earth Sciences.

MIX
Papier | Fördert gute Waldnutzung
FSC® C083411

Zeitfracht Medien GmbH
Ferdinand-Jühlke-Straße 7
99095 Erfurt, Deutschland
produktsicherheit@kolibri360.de